杨大炜 绘著

有趣的中国古建筑

CNS PUBLISHING & MEDIA 湖南文艺出版社 HUNAN LITERATURE AND ART PUBLISHING HOUSE 博集天卷 CS-BOOKY
·长沙·

象象
杨爸
朗朗

自序

我看到了很美好的东西，
我希望让更多人看到、感受到，
这是我做中国古建筑艺术史科普和推广的初衷。

古建筑离我们并不遥远，无论是在文学中还是在生活中。许多我们经常听到的成语、俗语等都与古建筑有关，比如“顶梁柱”“栋梁”“亭台楼阁”“高屋建瓴”“偷梁换柱”“梁上君子”“四水归堂”“五脊六兽”“上梁不正下梁歪”“墙倒屋不塌”“钩心斗角”，诗词里也经常涉及古建筑，比如“不知天上宫阙”“雕栏玉砌应犹在”“舞榭歌台，风流总被雨打风吹去”。我国各地都有保存下来的古建筑，风景区内多有亭台楼阁，甚至不少地方依然有人居住在明清古宅里。中国古建筑绝不只是或华丽或朴素的外在，还是中国历史文化和智慧的载体，蕴含着中国人的哲学。看懂中国古建筑，有助于加深我们对传统文学（诗、词、赋等）的理解，也有助于增加我们游览古迹的乐趣，体会古迹中的奥妙。

古建筑承载了中华民族伟大的创造力。

当我迷恋上了古建筑，我就开始广泛地阅读和旅行，不管是大城市还是穷乡僻壤，只要有重要的古建筑，我总是兴致勃勃地前往。而且我们的祖国幅员辽阔，民族众多，各地各族人民有着强大的创造力，在建筑这个空间载体内，蕴藏着雕刻、壁画、书法、文学等多种艺术形式。古建筑也是历史的见证，承载了很多或广为人知或鲜为人知的杰作，也许它的主人曾经不可一世，然而现在可能已被人们遗忘。在应县净土寺这个低调到泥土里的小殿里，我看到了无比震撼的金代藻井，然而是谁设计、制作了这么精美的藻井，我们已无从得知。我看得越多，视野越开阔，就越被无处不在的中国古建筑中蕴含的中华民族伟大的创造力深深折服。这不就是文化自信吗？

如果我们去看传统村落、古寺庙和古代山水画，会发现点缀在山水之间的亭台楼阁总是那么协调，建筑成为自然风景的亮点，而不是破坏了风景，这与古人的“天人合一”“道法自然”“和而不同”的理念息息相关。今天我们提倡的“美丽中国”“人与自然和谐共生”，是不是可以向延续了5000多年的中国古建筑的营造理念学习呢？

文化自信也应从孩子抓起，让六岁以上的人也能看懂中国古建筑是我努力的方向。

过去七八年的周末和暑假，我经常带孩子出游，目的地自然兼顾游山玩水和寻访古迹，但是古建筑本身就有很高的门槛，古建筑在很多人看来“都一样”，相关书籍也比较难读懂，大人都没兴趣，更不用说孩子了。为了让孩子能跟我共情，能看懂古建筑之美，愿意跟我出游，我想办法将复杂的知识简单化，把枯燥的事情变得有趣。绘图是个好办法。这几年来，我边画边讲古建筑的短视频受到很多朋友的喜欢。我把短视频中的内容汇集整理成了一本小书，这本小书有近500张插图，多数插图比较简略，适合临摹。我尽量使用更少的文字、更通俗的语言、更详细的图来说明问题。为了提高孩子们的兴趣，我还添加了一些搞笑段子的漫画和很多漫画式的人物，甚至连我家的小狗也参与其中。既专业又有趣是我努力的方向，不知道我在这本书里做到了没有。

这本小书，是我的短视频中一些“爆款”内容的纸质版，其中大多是人们关心的话题，书中的图片一半是拍摄视频时画的，一半是新近画的，在编辑本书的过程中，字越写越多，图越画越多，做不完，根本做不完！

中国古代建筑的内容浩如烟海，每一个建筑细节，都可以专门编写一本厚厚的书，好的案例特别多，如果不是篇幅有限，我都想收录进来，给各位读者看一看我们的祖国多么历史悠久、幅员辽阔，建筑艺术多么丰富，多么富有创造力，多么震撼人心，这将激发强烈的民族自豪感。书中所举的古建筑案例，兼顾了典型性和多样性，尤其那些具有代表性的古建筑，书中标注了相关详细信息，方便感兴趣的读者按图索骥。

必须要声明的是，中国建筑文化博大精深，而我的水平极其有限，书中如有错误，欢迎读者给我指出，我将不胜感激！

最后，我要特别感谢我的妻子王一珩和两个孩子多年的支持，“杨爸图说”的名字和书中的很多创意是妻子提出的，两个孩子跟我四处访古，拍摄视频，孩子的提问和我与他们互动也给了我很大的启发，书里的很多搞笑段子也是真实的故事。我也非常感谢给予我指导和帮助的学者王贵祥、齐东方、徐怡涛、王南、李路珂、孙毅华、周乾、贺大龙、魏祝挺、永涛等老师，我将不明白的问题发给他们，他们总是耐心解答。我要感谢司凯丽、陈洁、农蕊，她们协助我绘制了部分插图。

杨大炜（杨爸图说）

2024 年 9 月

琉璃聚锦
正脊
鸱吻
戗脊
垂脊
搏（博）风板
走兽
戗兽
垂兽
山花
套兽
剪边
斗栱(拱)
额枋
窗
山墙
柱
台基
槅扇门
柱础
槛墙
踏跺

目录

第一章 中国古建筑的奥秘

第二章 那些奇形怪状的古建筑屋顶

第三章 古建筑屋顶的等级与色彩

第四章 屋脊的神兽都有哪些？

第五章
古建筑的屋角为什么翘起来?

第六章
屋顶的大龙头和脊刹是什么?

第七章
三天不打，上房揭瓦

第八章
悬鱼惹草和斗栱是什么?

第九章
无比精美的藻井

第十章
有意思的中国窗户

第十一章
栋梁和顶梁柱是什么？

第十二章
中国人为啥喜欢住坐北朝南的合院？

第十三章
什么是“亭台楼阁”、牌坊和塔？

第一章

中国古建筑的奥秘

一切要从一根木头说起

大树被砍削成柱子，立于地上，就成了一根表木。古人通过观察表木的影子来判断时间和方位。

表，本义指皮袄，因古代的皮袄毛朝外（“古者衣裘，以毛为表”），后引申为“宣示、表达、表示”。

相传舜在宫门前立木柱，让百姓在上面写谏言，表示善于听取百姓的意见，这称为“谤木”。《后汉书·杨震传》载：“臣闻尧舜之世，谏鼓谤木，立之于朝。”

在汉代，邮亭、官府机构旁边作为标识的柱子称桓（huán）表，“桓”与“华”音相近，所以桓表渐渐就读成了“华表”。

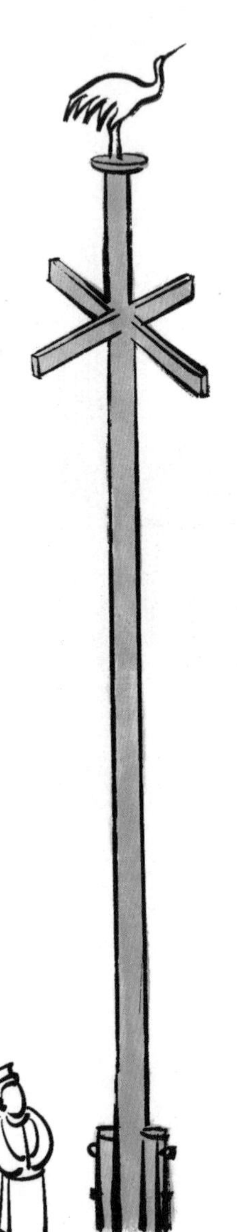

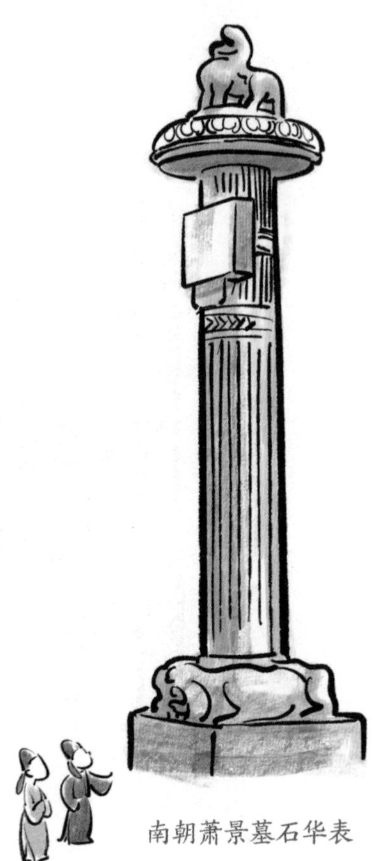

南朝萧景墓石华表

表木也立于桥头、十字路口，作为标记。唐宋时期的表木是这样的，上面插入十字相交的木板，还会再加一只仙鹤的雕像。

唐代杜甫有“天寒白鹤归华表，日落青龙见水中”的诗句，提到了华表的顶上有白鹤的形象。

表木作为重要标志物，也立于帝王将相的陵墓前，从汉代到清代一直延续，风格略有不同，材质从最初的木质演变为石质。

唐高祖献陵石华表　　明清石华表

陕西西安附近有唐代十八帝王陵，每个陵墓前都有类似这样的石华表，只有唐高祖陵墓的石华表柱头是石兽，其他陵墓的石华表柱头是宝珠。

明十三陵、清东西陵、圆明园、故宫的天安门等重要的皇家建筑前，都立有石华表。

两根表木连起来就成了“门”

两根表木连接起来，就成了一个简易的门，这种门一直延续到清代，通常称牌坊（上面设屋顶的也称“牌楼”）。牌坊有木质、石质、琉璃的。

北京天坛、地坛等各种坛庙的“棂（líng）星门”就是这种牌坊的一种形式。

亭子是怎么来的？

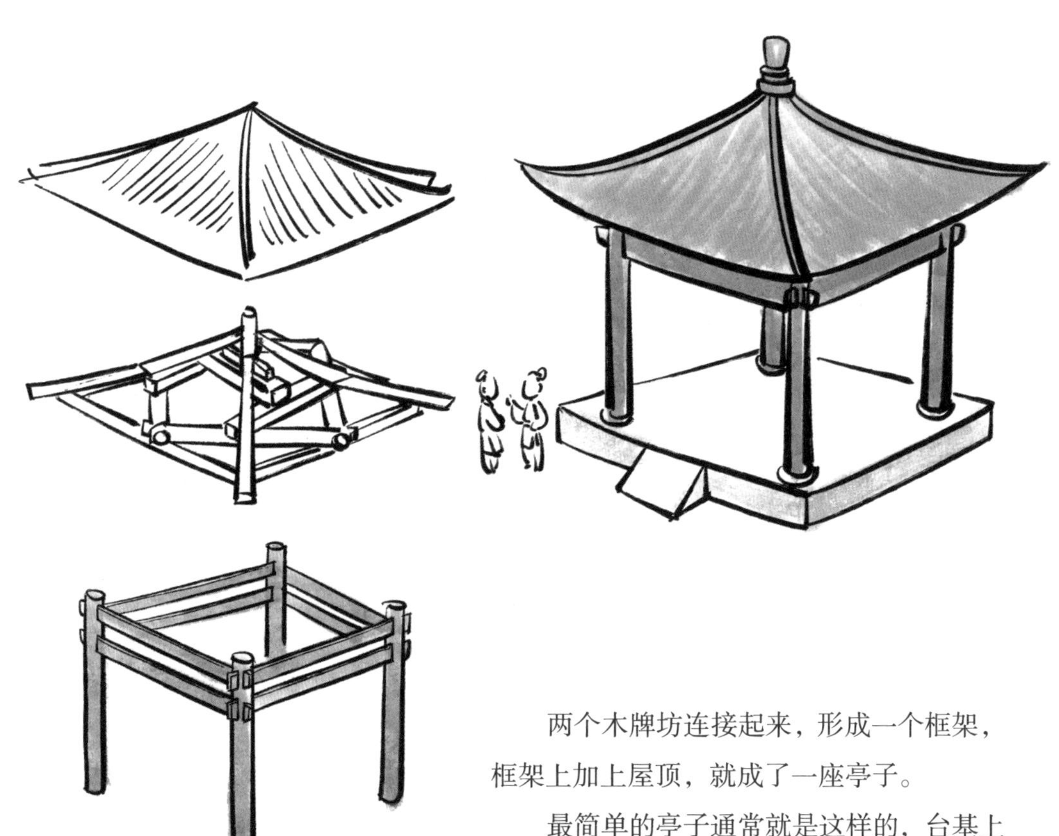

两个木牌坊连接起来，形成一个框架，框架上加上屋顶，就成了一座亭子。

最简单的亭子通常就是这样的，台基上是四根立柱，再向上是一个四角攒（cuán）尖顶。当然，我们也能看到平面为三角形、梅花形、扇形等的亭子。亭子的屋顶形式除了四角攒尖顶，还有盝顶、圆形攒尖顶等。

亭子的屋顶通常是攒尖式的，但也有一些是歇山式的，比如安徽滁（chú）州的醉翁亭、江苏苏州的沧浪亭。

亭子台基抬高，一面或三面加上墙壁，就成了一座戏台，朴素的戏台就是一座亭子。右下图画的是山西临汾尧都区的牛王庙戏台，这座戏台建于元代，是现存比较古老的戏台，直到现在还供戏曲表演使用。

歇山顶

殿、楼、阁、阙的由来

一座亭子四面加上门、窗、墙壁，就成了一座房屋、一座殿堂。只有一开间的小殿也是殿。

一座房屋上“叠加”一座房屋，就是楼。《说文解字》载：“楼，重屋也。”

一个小殿建在一个高的平台上，就称为阁，唐代的阁很多建于木构的平台上，阁谐音“搁”，意思是把房子搁在平台上。

古人说：“阁皆四敞也。”阁比楼要正式一些，阁通常用于供神、赏景，一般四边都会开门窗，在一组建筑群里，阁会处于比较主要的位置上。唐代之后，楼、阁就难以区分了。

夯土的高台

木构的高台很容易损坏，现存的阁多半是建在外侧包砖的夯（hāng）土的高台上。

一座阁如果下面开门洞，左右连接上城墙，就成了一座城门，下图就是唐宋时期常见的普通城门。

一座阁如果高台下开门洞，而且是开十字门洞，建在城市的中心地带，上面设置钟或鼓，就成了古代报时的钟楼或鼓楼，两者合称“钟鼓楼”。

子母阙

一座阁如果设置在道路或大门的两边，就是阙。阙最初设立是出于安全的需要，阁上有武士防守。后来，阙成了一种礼仪性建筑，只有皇家和一些贵族才能使用。

大阙旁加小阙，就是子母阙，组合成三个的阙等级最高，叫三出阙。

三出阙

由亭到塔

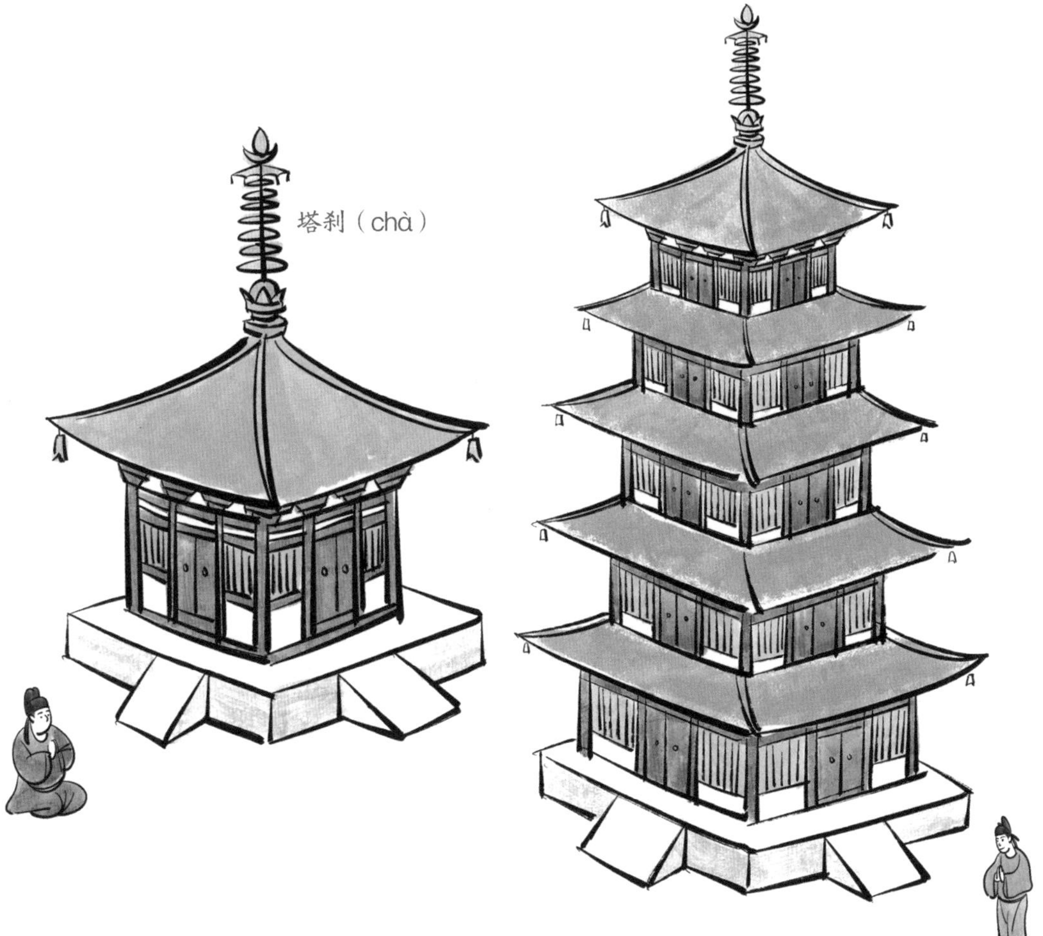

一座攒尖顶的亭子，顶上加上塔刹——佛塔的重要标志，就成了一座佛塔，这样的塔也叫亭阁式塔，保存下来的不多，如甘肃敦煌慈氏塔。我们常见的塔大多是五到十一层楼阁式的，比如陕西西安大雁塔、河北定州开元寺塔。

方形多层塔在隋唐时期比较流行，由于木构建筑不易保存，如今保留下来的唐代方形塔只有砖塔，比如陕西西安的大雁塔、小雁塔。

趣味冷知识

太和殿有多少根柱子？

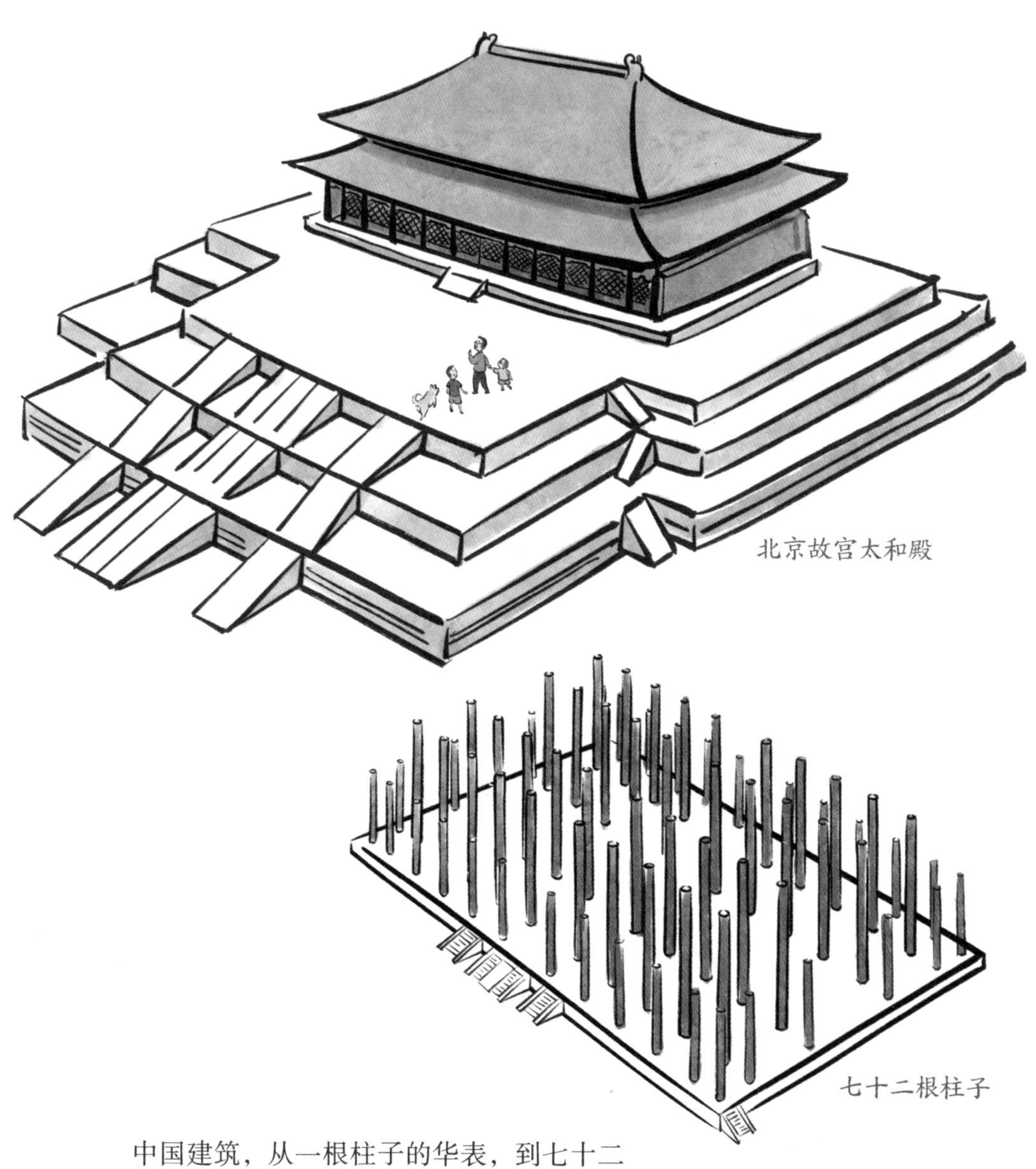
北京故宫太和殿

七十二根柱子

中国建筑，从一根柱子的华表，到七十二根柱子的太和殿，它们可以很简单，也可以很宏大，它们看起来差不多，实际上千变万化。

第二章

那些奇形怪状的古建筑屋顶

常见的屋顶有哪些？

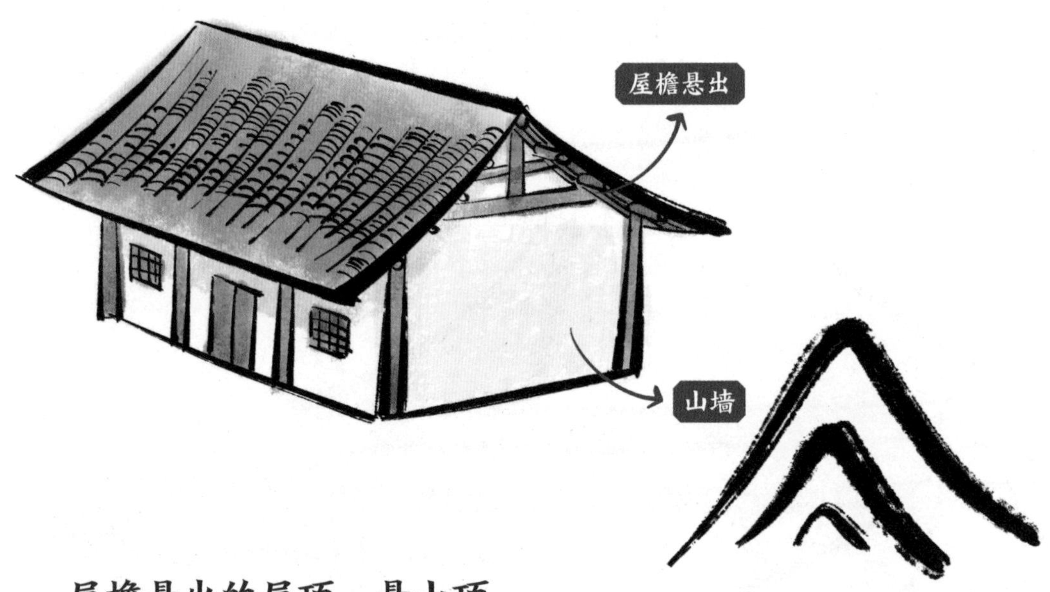

屋檐悬出的屋顶：悬山顶

这是一座普通的两面坡房子，人字坡形是为了方便雨水流下。房子侧面像山，所以称为山面，侧面的墙叫山墙。大家记住这个“山墙”的来源，因为后面很多名词都带“山”字。

屋檐悬出墙一截，这种屋顶就叫悬山顶。

在南方，雨水多，悬出的屋檐不足以遮挡，人们会在山墙上增加一段屋檐辅助挡雨，这种屋檐叫披檐。加了披檐的悬山顶依然是悬山顶。

民居中常见的硬山顶

山墙用砖一直垒到顶，与屋檐齐，砖砌的山墙质地坚硬，这种屋顶就叫硬山顶。硬山顶在古建筑序列里级别最低，但很简单、实用，主要用于北方民居。北京故宫里也有一些硬山顶建筑。

这种分段式的屋顶，在我国东汉陶楼、日本飞鸟时代的玉虫厨子上还可见

屋顶有两个三角形的歇山顶

悬山顶的四周都增加一段披檐，既可增加遮阳挡雨的面积，又可以扩大建筑的内部空间。于是一种新的屋顶形式诞生了，山面好像歇了一会儿，所以叫歇山顶，只是早期的歇山顶可能是分段式的。

后来，歇山顶的分段式结构就消失了，被直接做成了更顺畅、更整体的屋顶，这就是我们常见的歇山顶，宋代叫厦两头造，又因为这种屋顶有九条脊，所以称九脊顶。

歇山顶的山面有个三角形的位置，通常装饰得很漂亮，叫山花。

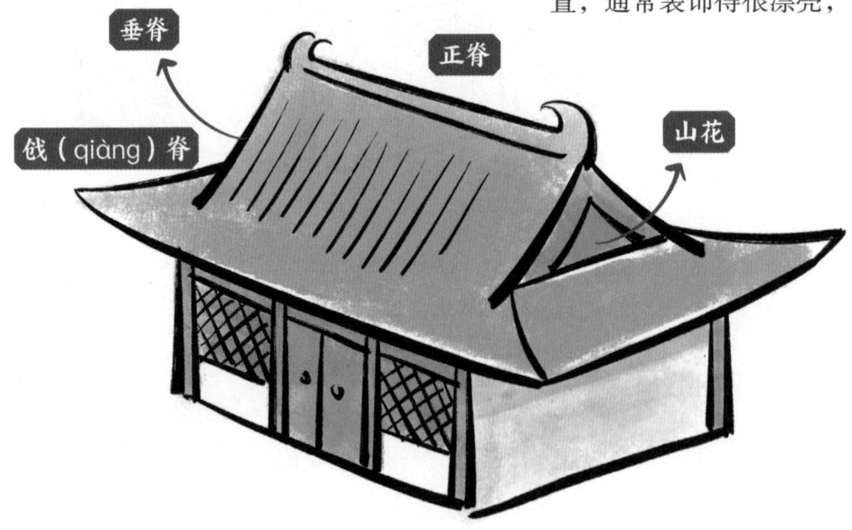

四面坡的庑殿顶

这种四面坡的屋顶，叫庑(wǔ)殿顶，宋代也称为四阿(ē)顶，阿就是坡，又因为有五条脊，所以称五脊顶。

宋代通常把歇山顶称为“曹殿”，把庑殿称为“吴殿”，相传是因为北齐画家曹仲达、唐代大画家吴道子常在壁画中表现这两种屋顶样式。工匠以讹(é)传讹称吴殿为“吾殿”，这两种称呼在清雍正年间正式更名为庑殿。

单檐式建筑增加一圈腰檐，使建筑有两层屋檐，称为重(chóng)檐。

重檐庑殿顶是最高等级的屋顶样式。

攒尖式屋顶

四角攒尖　　八角攒尖

圆形攒尖

带尖角的攒尖顶

这种所有的脊都汇聚到顶点的屋顶叫攒尖顶。

攒尖顶有四角攒尖、六角攒尖、八角攒尖，也有圆形攒尖。北京天坛内的皇穹宇、祈年殿就是圆形攒尖顶建筑。

不常见的屋顶

北京颐和园荇（xìng）桥

盝

排水孔

像盒子一样的盝顶

这种四面坡，顶部是平的屋顶，叫盝顶，盝是古代的一种盒子。盝顶建筑比较少见，北京故宫钦安殿、颐和园荇桥、北京戒台寺戒台殿、甘肃永昌钟鼓楼都是盝顶建筑，顶部都有宝顶。

最著名的盝顶建筑可能是北京故宫御花园内的钦安殿，钦安殿采用的是重檐盝顶。顶部的平台上安放着一件巨大的铜质宝顶。

盝顶如何排水？大家也许会比较好奇，实际上，盝顶上面的平顶也不平，而是有轻微的弧度，中间高两边低，也铺设瓦，令雨水顺瓦流到四条正脊下，脊下有排水孔。

北京故宫钦安殿

湖南岳阳楼

西北某清真寺宣礼塔

像头盔一样的盝顶

盝顶是攒尖顶的变形，屋顶中部呈穹窿（lóng）形凸起，向下缓坡出檐，形如将军的头盔。敦煌石窟内晚唐以后的壁画才出现这种屋顶形式，表明了建筑技术的发展。最著名的盝顶建筑可能是湖南的岳阳楼。

很多中式建筑风格的清真寺“宣礼塔”，采用了比较夸张的盝顶，可能是模仿伊斯兰建筑顶部如洋葱头的穹顶。

四川也有很多盝顶的魁星楼，因“魁”谐音“盔”，故多采用这种屋顶。魁星楼是我国科举时代的标志性文教建筑之一。

甘肃敦煌莫高窟第 61 窟壁画中的五代盝顶楼阁

我国幅员辽阔、民族众多，气候、文化、地质、地貌、水文等也有差异，因而产生了不同的房屋样式，如下图。

船形屋
海南黎族民居

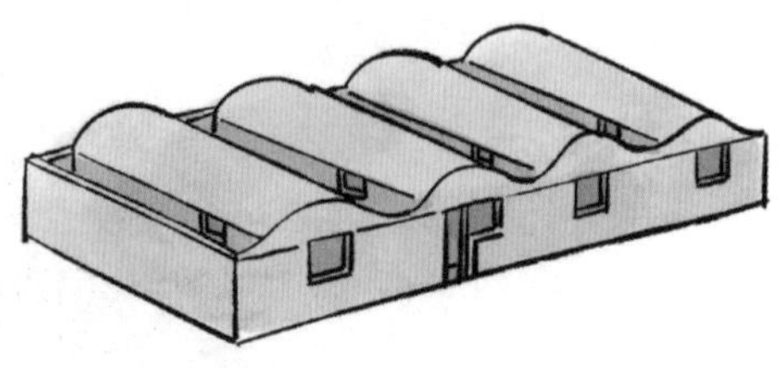

拱顶（圆券顶）房屋
山西民居

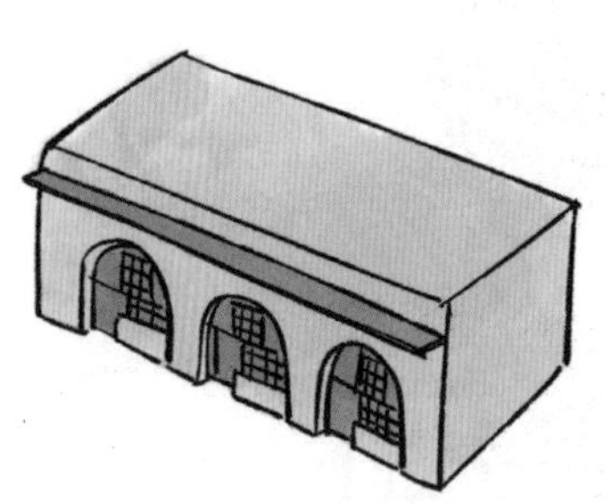

平顶式窑洞
陕西民居

穹窿顶建筑
常见于清真寺中

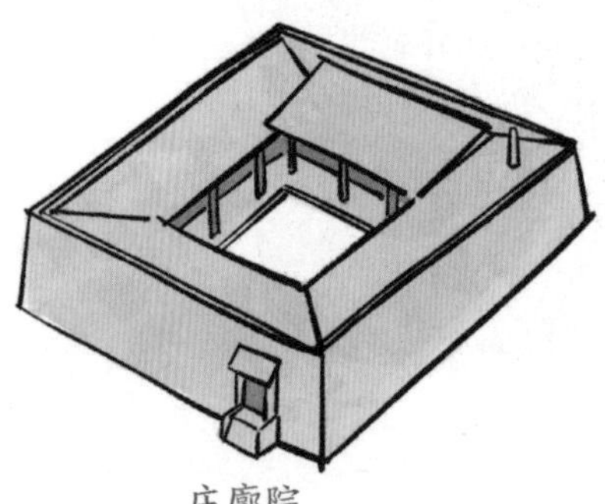

庄廓院
青海民居

蒙古包
内蒙古民居

圆形民居
主要分布在内蒙古和新疆地区

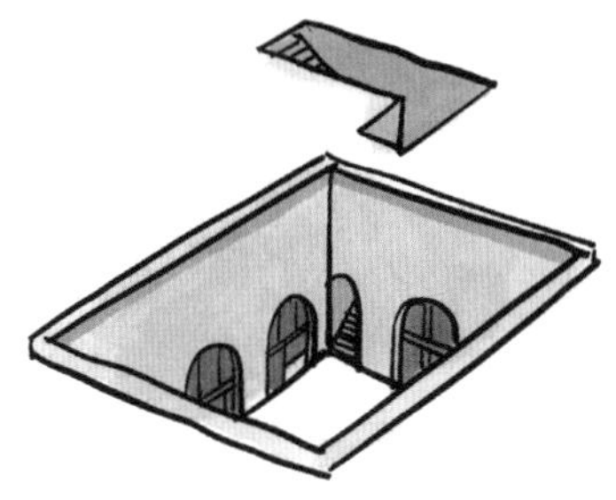

地坑院
河南三门峡陕州区民居

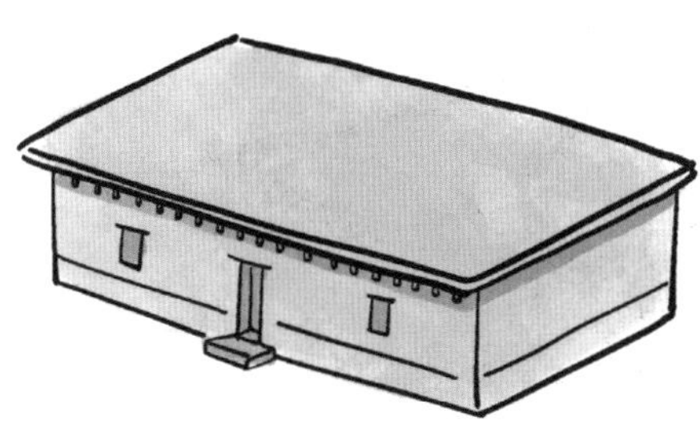

平顶民居
多见于我国西北等降水量少的地区

囤（tún）顶房屋
辽宁民居

藏（zàng）族平顶房屋
西藏民居

毡（zhān）包式圆顶房屋
哈萨克族民居

趣味冷知识

屋顶就像人的帽子

戴不同款式的帽子给人的感受不同，
不同样式的屋顶给人的感受也不同。

庑殿顶给人庄重的感觉，常用于最主要的殿宇。重檐的则比单檐的更为庄重、尊贵。

歇山顶给人优雅的感觉，常用于略次要的殿宇、大门、楼阁等。但在没有庑殿顶的院落，歇山顶就是主殿的配置了。

悬山顶给人朴素的感觉，常用于次要的殿宇、大门等。在没有庑殿顶、歇山顶的院落，悬山顶就是主殿的配置了。

攒尖顶给人清丽娟秀的感觉，尤其是圆形攒尖顶，常用于花园的亭子等。北京天坛内的主要建筑要象征天圆，所以也用圆形攒尖顶。

卷棚顶和卷棚勾连搭

卷棚顶

这种屋顶把正脊的部分弯折过去，形成弧形的脊，屋顶好像卷起来了，叫卷棚顶。卷棚顶上的正脊叫过垄（lǒng）脊。卷棚顶应用广泛，悬山顶、硬山顶、歇山顶都可以应用，卷棚顶给人比较轻巧、舒展的感觉，是民居、园林、戏台等常用的屋顶样式。

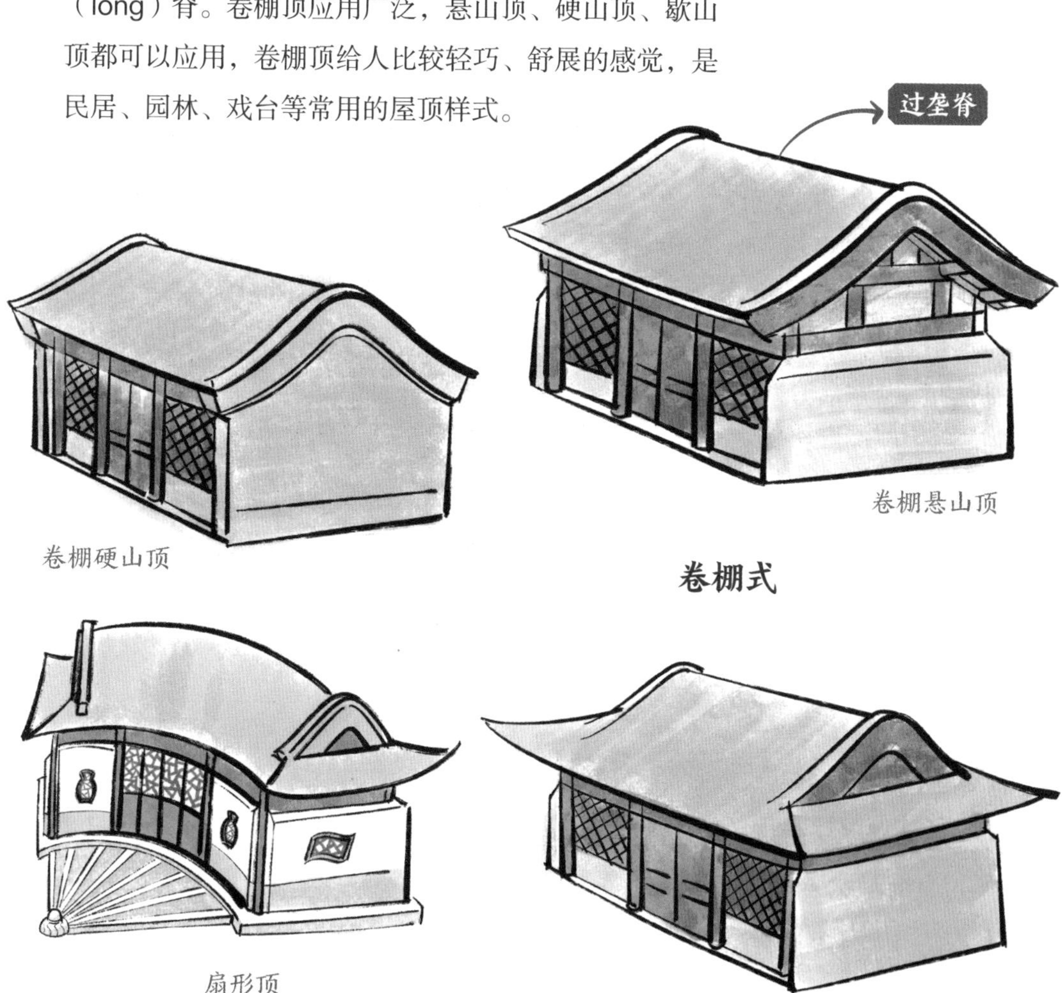

卷棚勾连搭

两个或三个卷棚顶连起来，形成一个组合，这种形式叫勾连搭，其优点是建筑内部空间很大，屋顶更富于变化，更有美感。

屋顶样式汇总

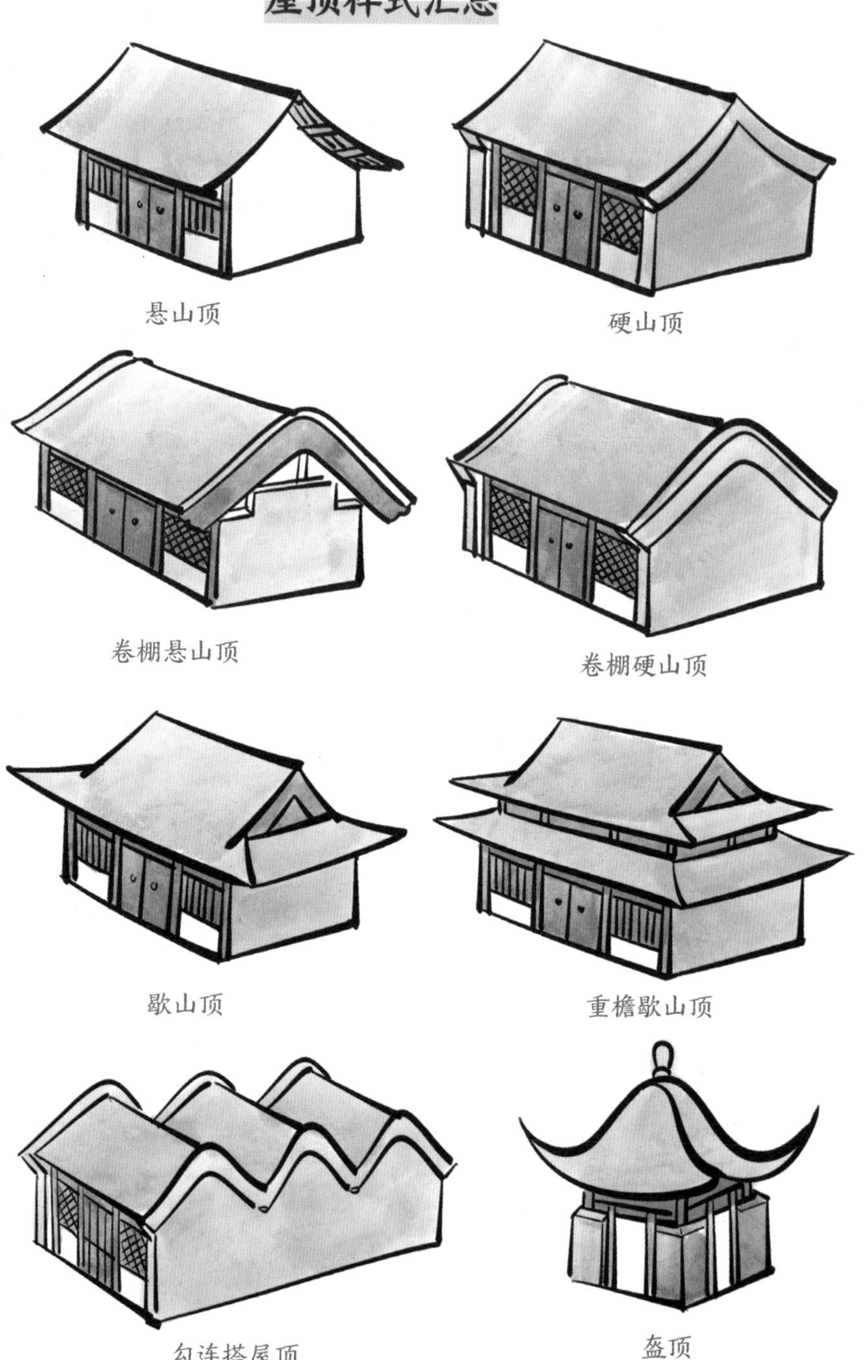

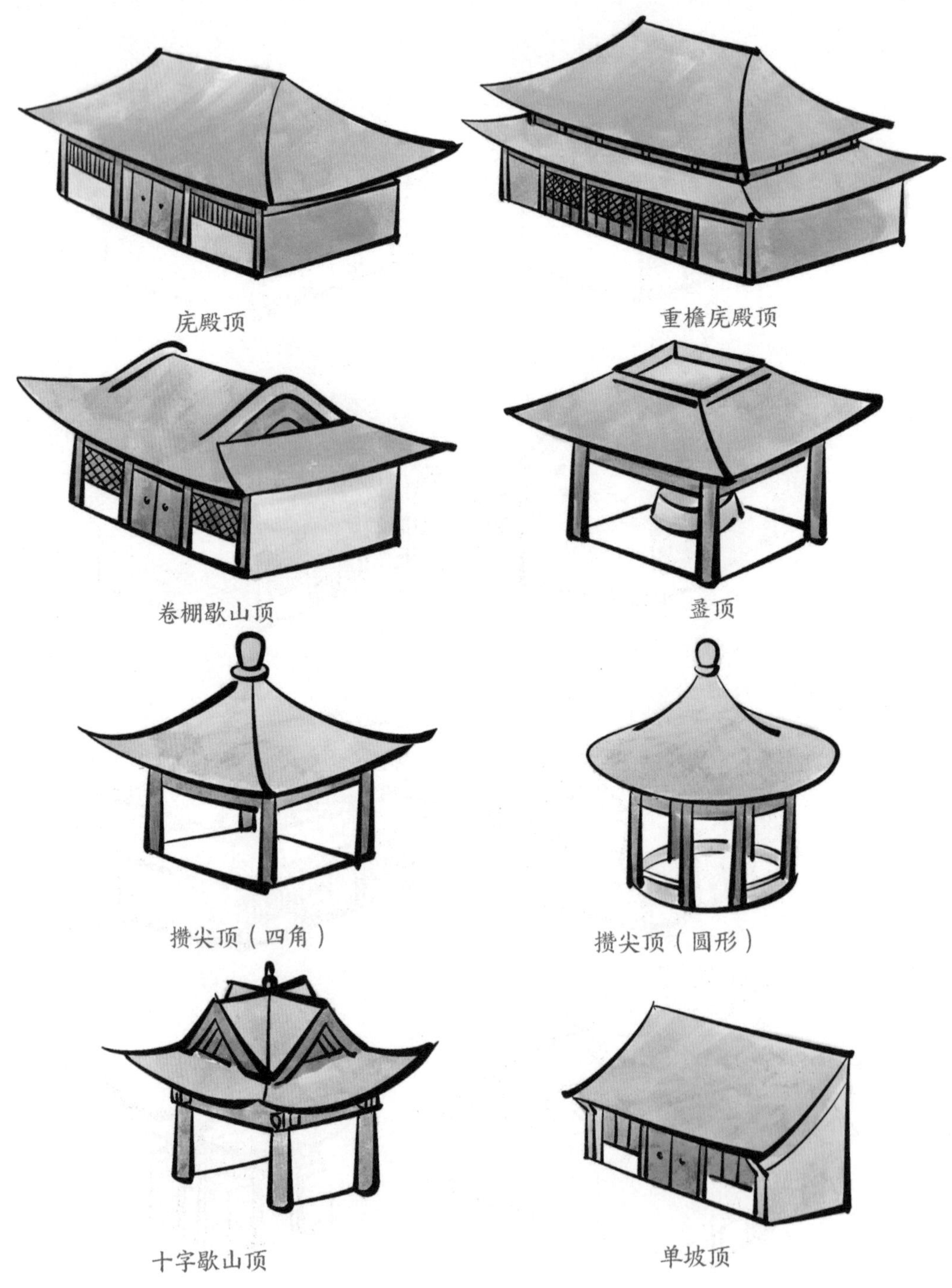
庑殿顶
重檐庑殿顶
卷棚歇山顶
盝顶
攒尖顶（四角）
攒尖顶（圆形）
十字歇山顶
单坡顶

有趣的屋顶组合

如果你觉得中国古建筑的屋顶很单调，那你就错了。跟搭积木一样，古人也玩起了各种屋顶组合，屋顶样式可以说是千变万化！

抱厦与耳房

抱厦（shà）与耳房是使用频率很高的建筑名称，但这两个建筑没法单独出现，与正房组合才可体现其功能、含义。

主要建筑前后通常会连接一个小房子以增加空间，前面的通常当作入口门厅，整体好像大房子“抱”着小房子一样，这个小房子就叫抱厦，厦是房子的意思。

河北正定的隆兴寺摩尼殿，北宋建筑，为“四出抱厦”形制。主殿两侧的小房子的功能是出入口。

位于主要建筑两侧的建筑，清代称“耳房”，就像正房的两只耳朵一样，宋代则称“挟（xié）屋”，一般为正殿或正房的附属建筑。北方四合院正房两侧一般会建耳房。

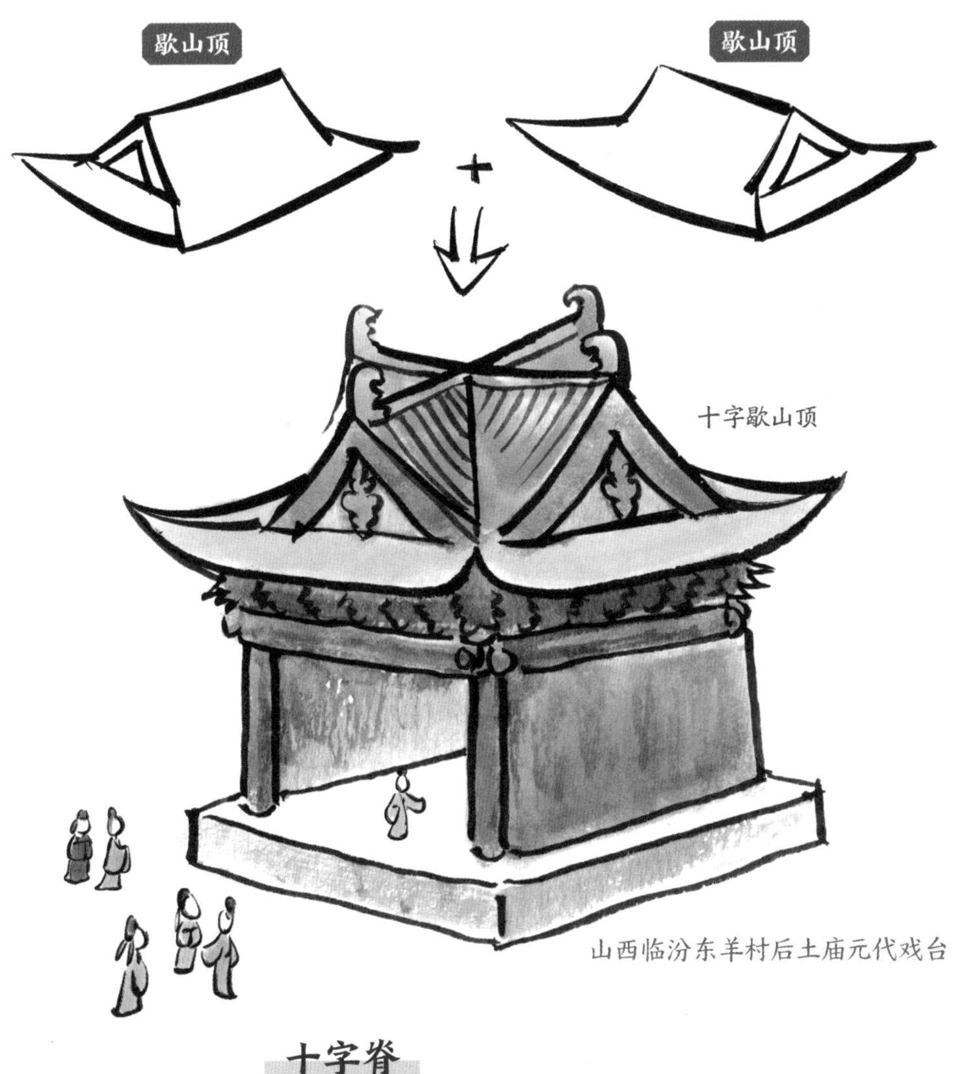

山西临汾东羊村后土庙元代戏台

十字脊

两个屋顶横竖相交，就形成了新的屋顶样式：十字脊屋顶，且一般为两个歇山式屋顶相交，因此也叫十字歇山顶。这种屋顶最晚出现于宋代，因为造型非常华丽，所以大受欢迎，全国各地的楼阁、戏台、钟鼓楼、城墙的角楼等都纷纷采用十字歇山顶。

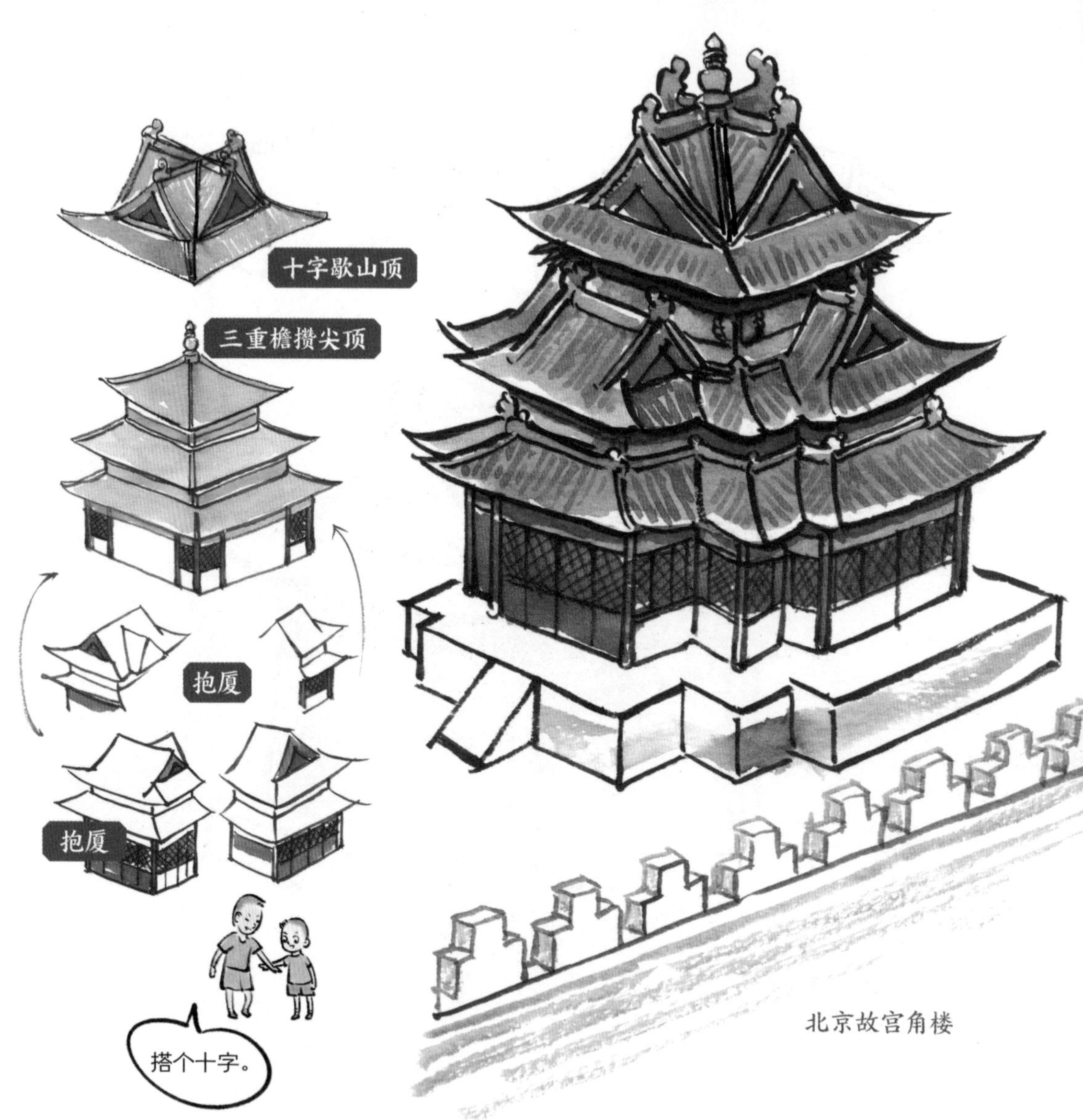

北京故宫角楼

北京故宫角楼是故宫内最美的建筑之一，它建于明代，造型比较复杂，传言有“七十二脊”（其实不止），它的屋顶并非一个十字歇山顶，而是一个十字歇山顶加在一个攒尖顶上，攒尖顶的四条脊也显露出来，且四面各增加一座重檐歇山顶的抱厦，形成了丰富的层次。

北京故宫千秋亭

北京故宫社稷（jì）江山金殿

北京故宫御花园内的千秋亭，上圆下方，下层四面各加一庑殿式抱厦，平面呈十字形，十分华丽。

北京故宫乾清宫前的社稷江山金殿，屋顶有“天圆地方”的寓意。

北京故宫雨花阁，屋顶是攒尖顶、卷棚歇山顶的多重组合。

北京香山公园眼镜湖边的佳日亭，也是一座屋顶组合式建筑，屋顶由两座卷棚歇山顶十字相交，中央凸起一座四角攒尖顶，平面呈十字形。

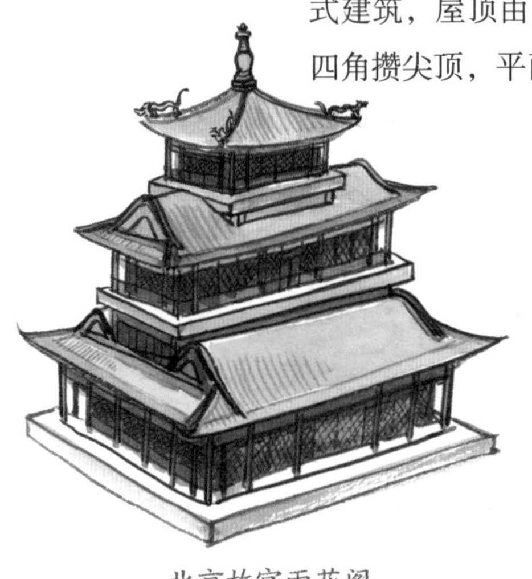

北京故宫雨花阁

北京香山公园佳日亭

各种屋顶组合

中国传统建筑有庑殿顶、歇山顶、攒尖顶、悬山顶等四种“基本款”，我们的古人发展出了各式各样的组合，尤其是在明清时期古建筑屋顶发展出了出神入化、千变万化，又不离其基本的形式。以下列举一些有特色的组合，实际上还有很多形式。

辨一辨，以下建筑都由哪些基本款屋顶组合而成？

云南大理弥渡县永增玉皇阁

浙江衢州江山文昌宫

山西绛州乐楼

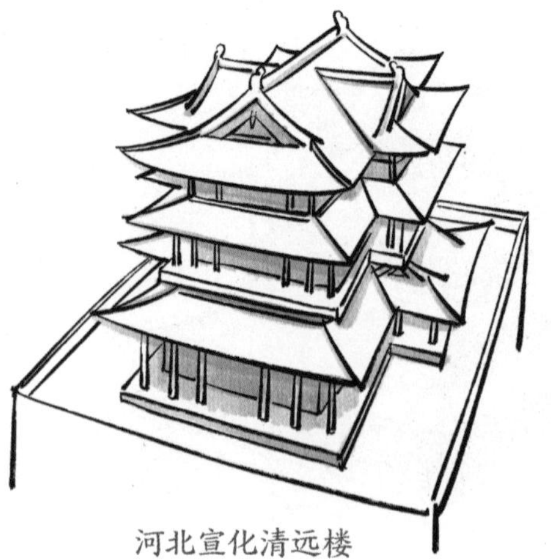

河北宣化清远楼

山西洪洞县韩家庄村魁星楼

青海孟达大庄清真寺礼拜殿

河北正定隆兴寺摩尼殿

山西介休环翠桥

古建筑屋顶赏析

北京颐和园昙花阁（已毁）的屋顶并不是普通的六角攒尖顶，而是像星星一样有尖锐的角，模拟昙花

颐和园转轮藏正殿的屋顶由三个四角攒尖顶组合成长方形，攒尖顶的宝顶为福禄寿三星的琉璃雕塑，十分罕见

北京先农坛宰牲亭，其以独特的重檐悬山顶结构（上层采用悬山顶，下层采用庑殿顶，形成两层屋檐）被古建专家称为“明代官式建筑的孤例”

宁夏中卫鼓楼，屋顶为十字庑殿顶，十分罕见，楼阁为三层，顶视图呈十字形

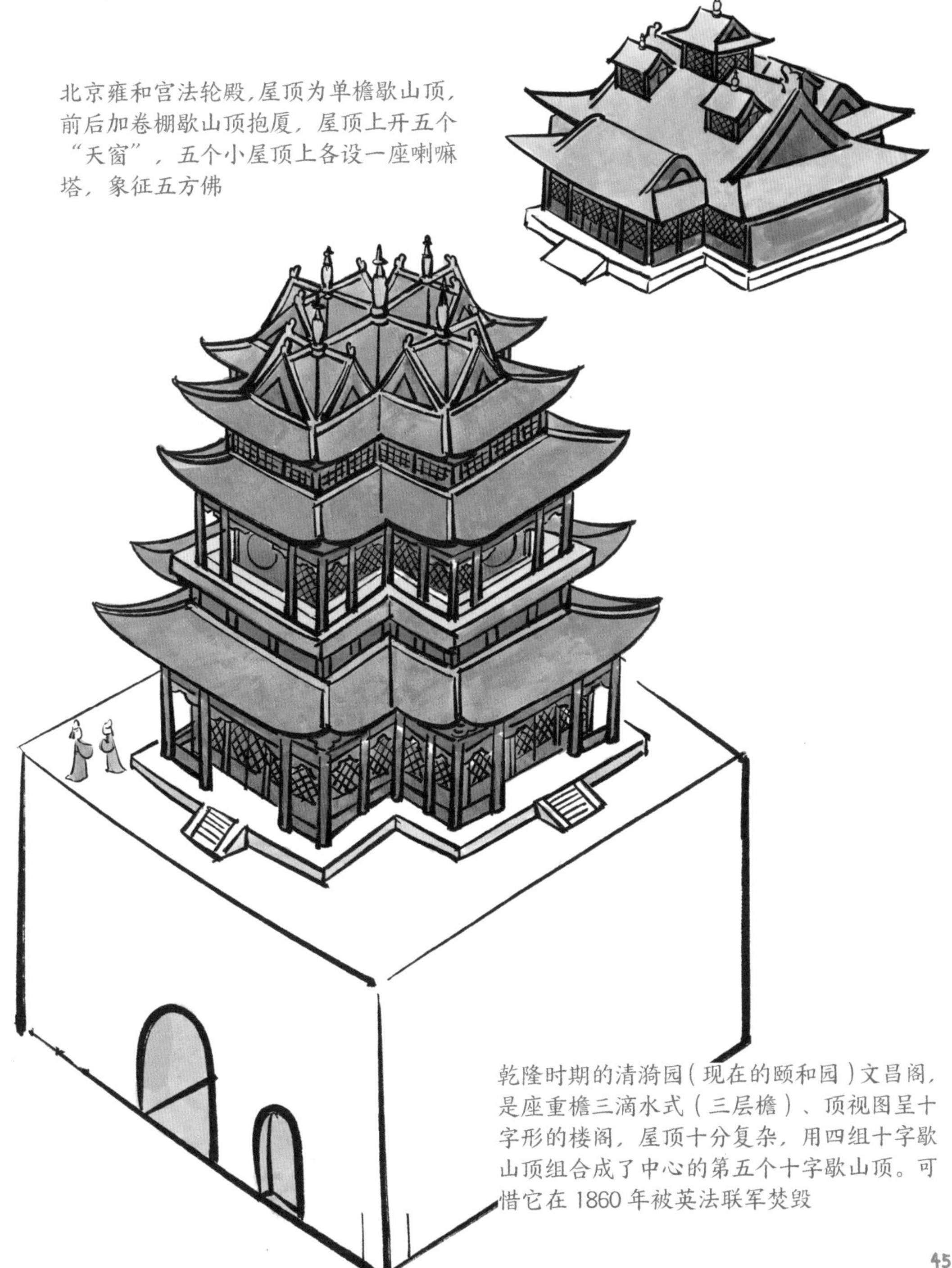

北京雍和宫法轮殿，屋顶为单檐歇山顶，前后加卷棚歇山顶抱厦，屋顶上开五个“天窗”，五个小屋顶上各设一座喇嘛塔，象征五方佛

乾隆时期的清漪园（现在的颐和园）文昌阁，是座重檐三滴水式（三层檐）、顶视图呈十字形的楼阁，屋顶十分复杂，用四组十字歇山顶组合成了中心的第五个十字歇山顶。可惜它在 1860 年被英法联军焚毁

趣味冷知识

雍正最喜欢的休闲之地

圆明园的万方安和轩，由卷棚歇山顶组成，顶视图呈“卍”字图案，建于雍正初年，整个汉白玉建筑的基座修建在水中，基座上建有三十三间东西南北室室曲折相连的殿宇。万方安和轩造型独特，风景秀丽，无论春夏秋冬，皆可择优居住，据说雍正帝最爱在此听戏。此轩毁于 1860 年英法联军“火烧圆明园”时，现仅存台基。

“卍”字在唐代被武则天下诏读“万”，早在距今八九千年前就出现在中国的彩陶上，在佛教传入后有了“佛光普照”“佛法无边”等含义。到明清时期，“卍”字的佛教含义已经淡化，有了吉祥永恒、万福万寿的意思。“卍”字图案成了中国使用最多的图案之一。

第三章

古建筑屋顶的等级与色彩

如何看出建筑的等级？

建筑等级不完全是负面的，它让建筑群拥有音乐般的节奏。

明清时期，决定建筑等级的因素不仅有屋顶的形式，还有建筑的体量、斗栱的规格、屋顶的色彩、室内外的彩画、台基、门窗等。建筑等级让建筑群有了主次、大小、高低、疏密等特点，尤其是故宫、明清陵寝的设计，拥有如音乐般的节奏。德国哲学家谢林说：“建筑是凝固的音乐。”

屋顶的形式及等级顺序如下。

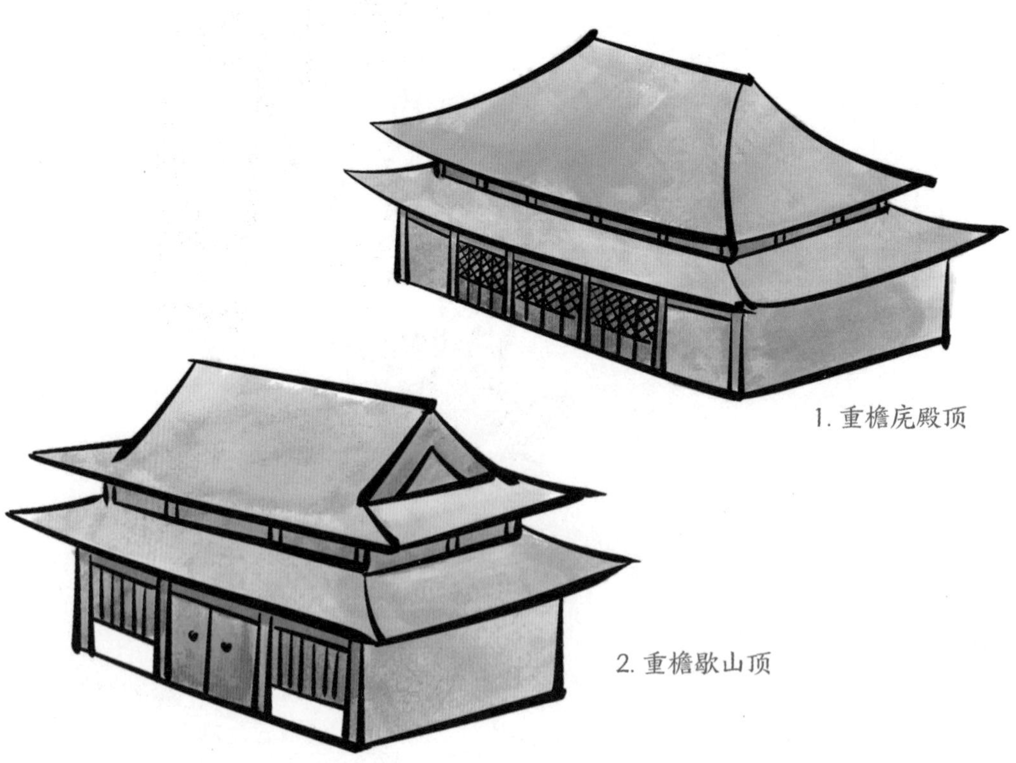

1. 重檐庑殿顶

2. 重檐歇山顶

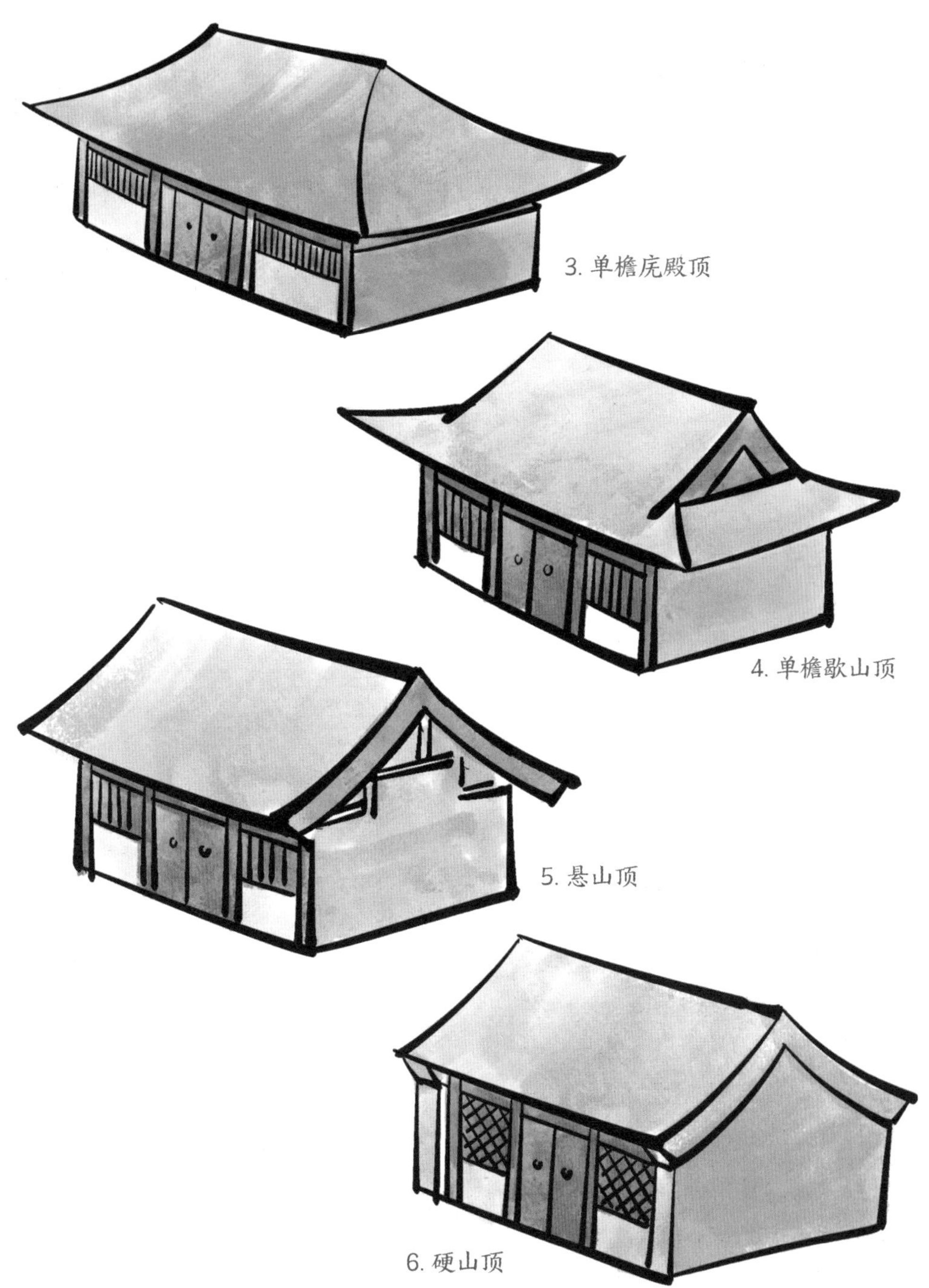

3. 单檐庑殿顶

4. 单檐歇山顶

5. 悬山顶

6. 硬山顶

重檐建筑只是增加了一圈围廊，内部仍是一层空间

同样是两层屋檐，哪个等级更高？

两重檐建筑比单檐二层楼阁等级高。

那么两重檐建筑与二层楼阁，怎么区分？两者看上去有点像，但我们看它们的内部结构，就可以区分出来了。

两者虽然看上去都是两层屋檐，但两重檐建筑内部是一层空间。二层楼阁内部是二层空间，上层只是单檐顶。在一组院落中，主要建筑如果是重檐殿顶，楼阁往往作为左右配殿或后殿。

二层楼阁内部是两层完整的建筑空间

两重檐建筑好比一个人戴着斗笠，披着蓑衣

二层楼阁却像一个戴斗笠的人站在另一个戴斗笠的人的头顶上

在讲究儒家礼制的古代中国，有些可爱的建筑并不能作为“正式”的殿宇，就如同一个人穿休闲装不能参加正式的仪式一样。

攒尖顶、盝顶、盔顶、卷棚式、十字脊等形式属于杂类，一般不用于正式的礼仪性建筑，“不参与等级评比”。（攒尖顶建筑也有等级很高的，比如北京故宫的中和殿、北京天坛的祈年殿，但攒尖顶更多见于亭、阁等无等级的建筑。）

决定屋顶色彩的主要材料：琉璃

长久以来，中国屋顶的主要色彩是灰色，就是灰陶瓦的颜色，下雨后呈现深灰色。灰色作为中国屋顶的主要色彩一直延续到现在。宫殿、寺庙的屋顶因琉璃瓦等琉璃构件的出现而变得丰富多彩，但受限于材料和技术因素，琉璃构件在宋元时期才大规模使用。

唐末至两宋时期的宫殿屋顶覆盖琉璃的情况已经较为常见，琉璃以绿色的居多，主要只用于鸱（chī）尾等脊饰，整个屋顶覆盖琉璃的情况非常少。元代，琉璃技术得到很大发展，琉璃在寺庙、宫殿等建筑中得到了大规模应用，颜色主要有绿色、翠蓝色、黄色，主要用于鸱吻等脊饰，以及瓦当等构件。明清时期，琉璃技术最为成熟，琉璃构件的数量和质量均超过了以往任何一个时代，黄色、绿色的琉璃瓦得以大规模生产，并且覆盖整个屋顶。清代的琉璃釉色已从以往的蓝、绿、黄发展到黑、翡翠绿、孔雀蓝、葡萄紫等十多种，这为清代丰富多彩的屋顶的出现创造了条件。

北京故宫明代凝香亭一角

黄琉璃瓦为皇家专用

明清时期，黄色琉璃瓦为皇家专用，屋顶沾点“黄”等级就高一些。在清代，屋顶的形式相同，屋顶的色彩不同，建筑的等级就不一样。

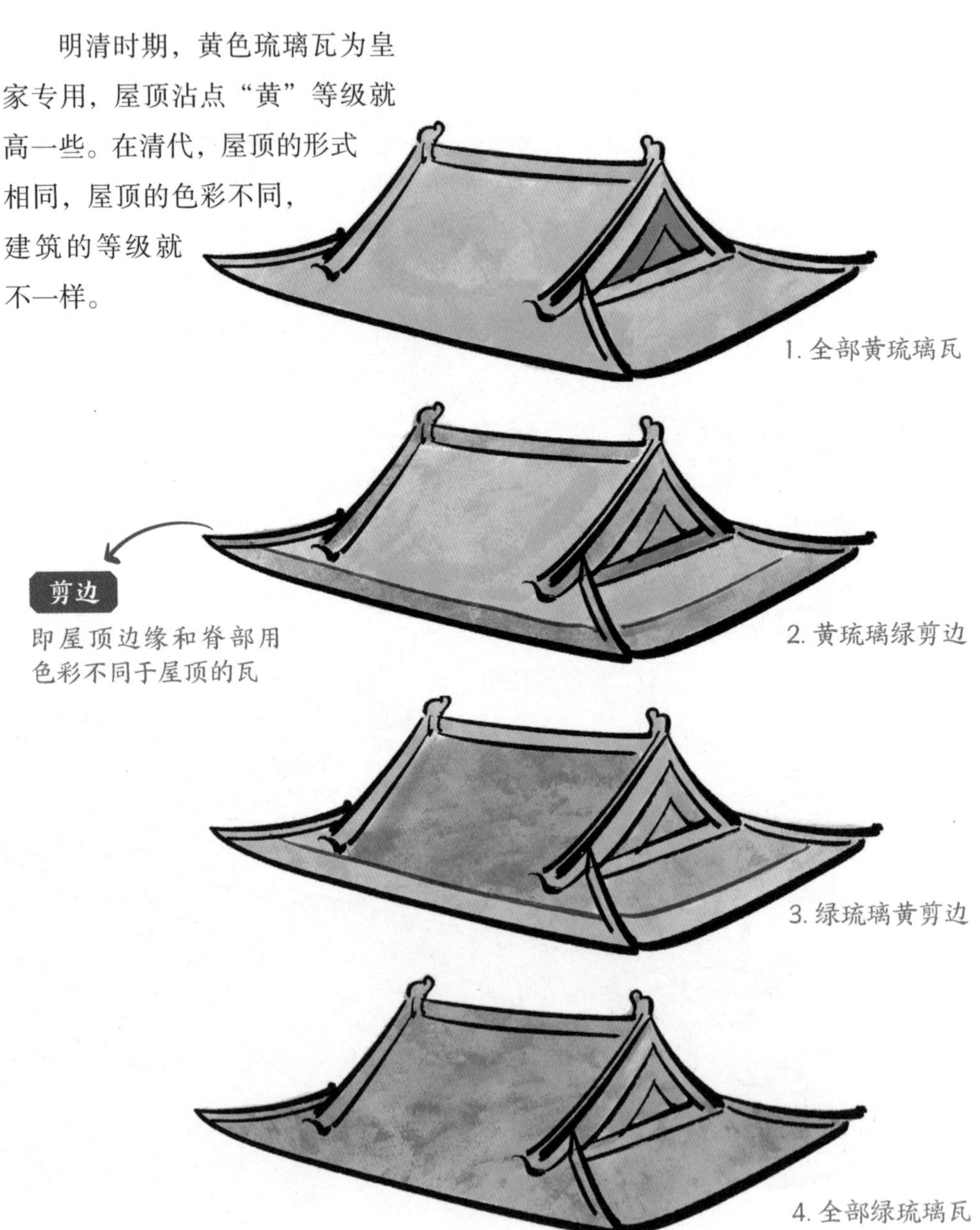

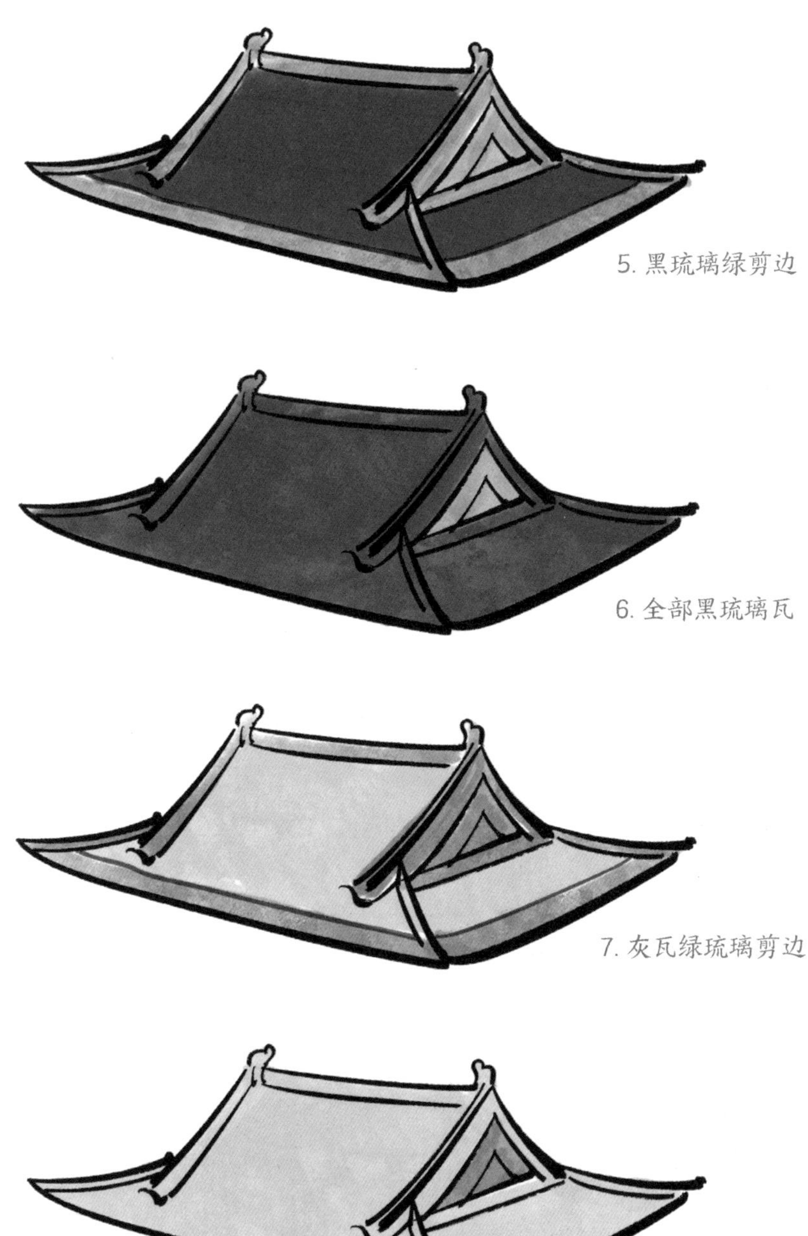

5. 黑琉璃绿剪边

6. 全部黑琉璃瓦

7. 灰瓦绿琉璃剪边

8. 全部灰瓦

屋顶彩色拼色：琉璃聚锦

一些屋顶用多色琉璃瓦拼接图案，这种做法被称为琉璃聚锦，图案多为菱形或多个菱形压角相叠组成的“方胜纹”，个别也由文字组成。菱形通常含有超越、丰收、进财等寓意。方胜原为古代汉族神话中的“西王母”所戴的发饰，古时就是祥瑞之物，明清时期成为常见的吉祥图案之一。

琉璃瓦在古代是昂贵的建筑材料，以少量琉璃瓦拼色组成的琉璃聚锦不仅丰富了屋顶色彩，也是节省成本的方式，这种做法今天看起来有些花哨，但在古代，色彩和琉璃是高等级的体现，普通庙宇并不能用，更不用说民居了。在大片灰色屋顶中出现少量的彩色屋顶，有种“众星捧月”的观感，更衬托了庙宇的庄严，所以琉璃聚锦一般只用于重要寺庙的主要殿堂屋顶。

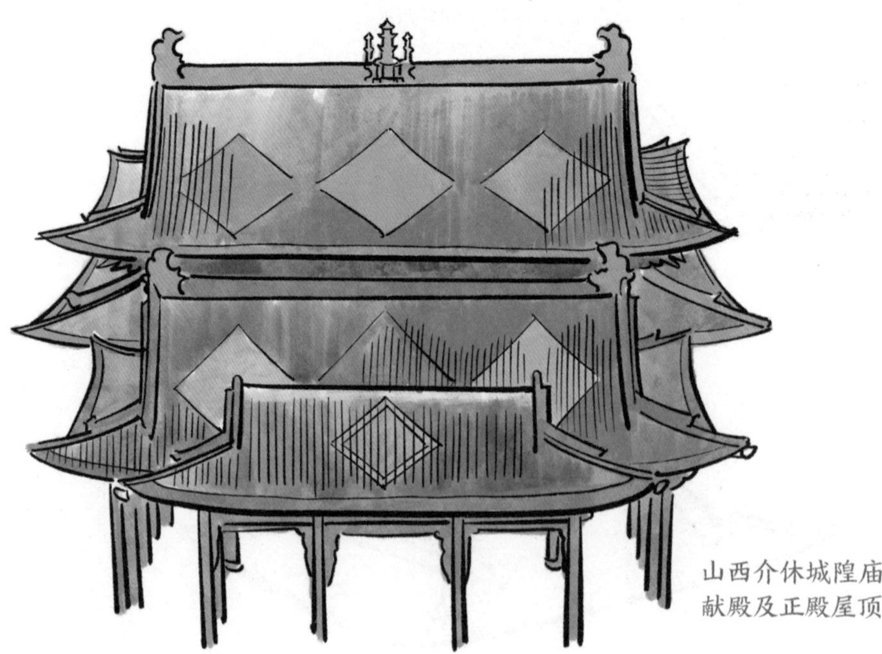

山西介休城隍庙
献殿及正殿屋顶

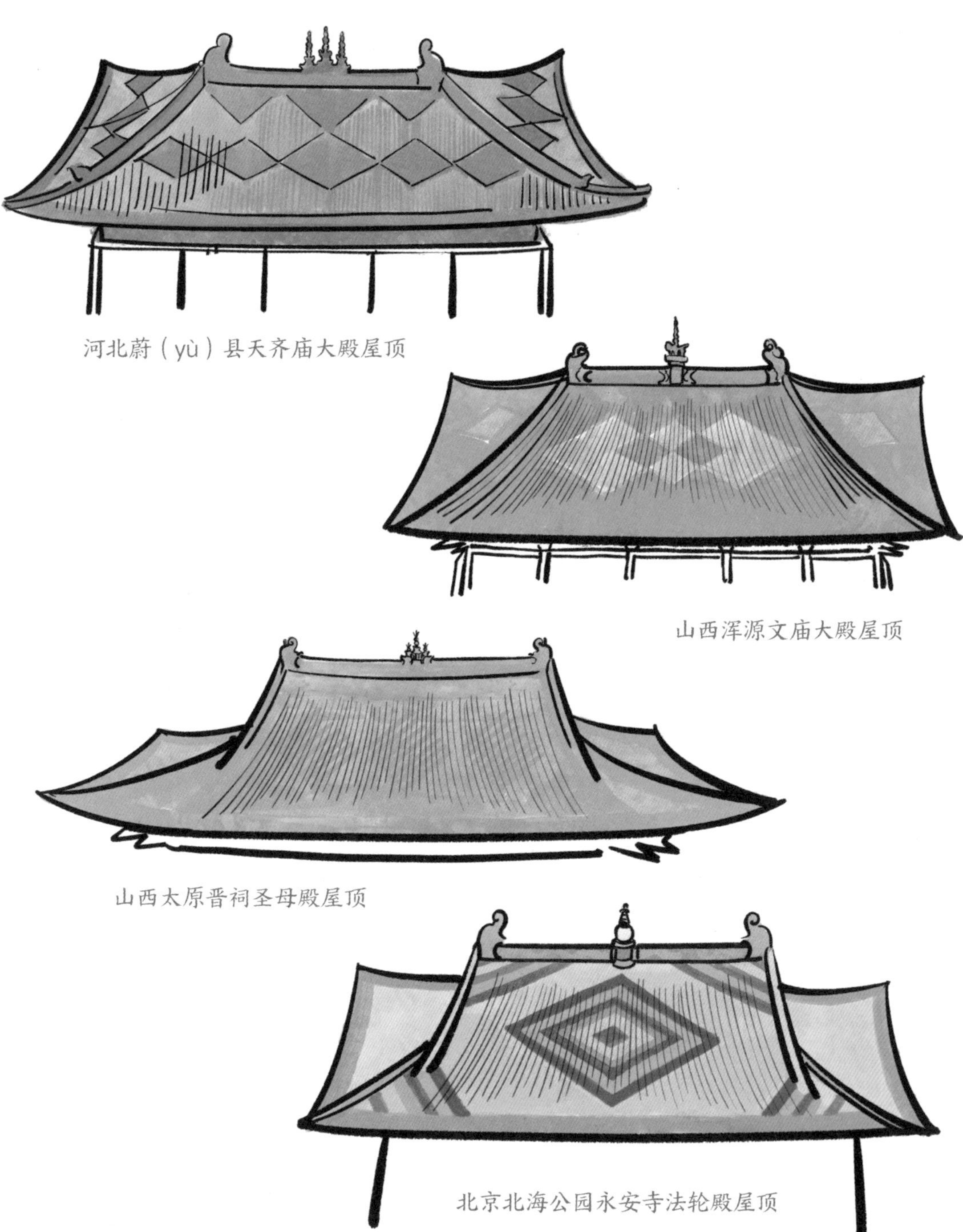

河北蔚（yù）县天齐庙大殿屋顶

山西浑源文庙大殿屋顶

山西太原晋祠圣母殿屋顶

北京北海公园永安寺法轮殿屋顶

两件极品琉璃建筑

山西介休太和岩牌楼，于清光绪二十三年（1897 年）建造，全身除了须弥座（又称“金刚座”，即台基）为石头制作的，其余均为琉璃镶砌而成。釉色以黄、绿、蓝三色为主，以白、紫、黑、绛（jiàng，红）等色为辅。此牌楼是我国琉璃艺术发展到明清鼎盛时期的典型作品。据传在建造此牌楼时，现场搭建琉璃窑，根据设计来现场烧制，每一个构件皆为定制品，整座牌楼在阳光的照射下色彩斑斓，璀璨夺目。

北京故宫的碧螺亭，建于清乾隆三十七年（1772 年），上下两层覆孔雀蓝琉璃瓦，均以葡萄色琉璃瓦剪边，上安束腰蓝底白色冰梅宝顶，琉璃用色丰富且罕见，碧螺亭形体别致，是琉璃技术和建筑艺术发展到极致的产物。

如何描述古建筑的体量？

在简略描述一座古建筑的体量时，最常用的两个词是面阔和进深。

面阔指的是建筑横向的宽度，通常以“间”为单位，一般两柱之间为一间（也称开间），古建筑从面阔一间到三、五、七、九、十一间不等，现存建筑的面阔数都是单数，开间越多，建筑越宽，也意味着建筑的等级越高。每一间都有专门的名称，正中央的称为“明间”或当心间。北京故宫的太和殿面阔十一间，是中国现存开间数最多的建筑之一。

进深指的是建筑纵向的长度，进深也用“间”来描述，比如太和殿进深五间。

但有些早期建筑，为了让空间更宽阔，省去了一些柱子，用“间”来描述并不准确，因此人们就用“椽（chuán）”来描述。两条檩（lǐn）之间的椽子水平长度称为一架椽。比如山西五台南禅寺大殿，共用了四架椽，就可描述为“进深四椽”，整座建筑的体量可描述为面阔三间，进深四椽。

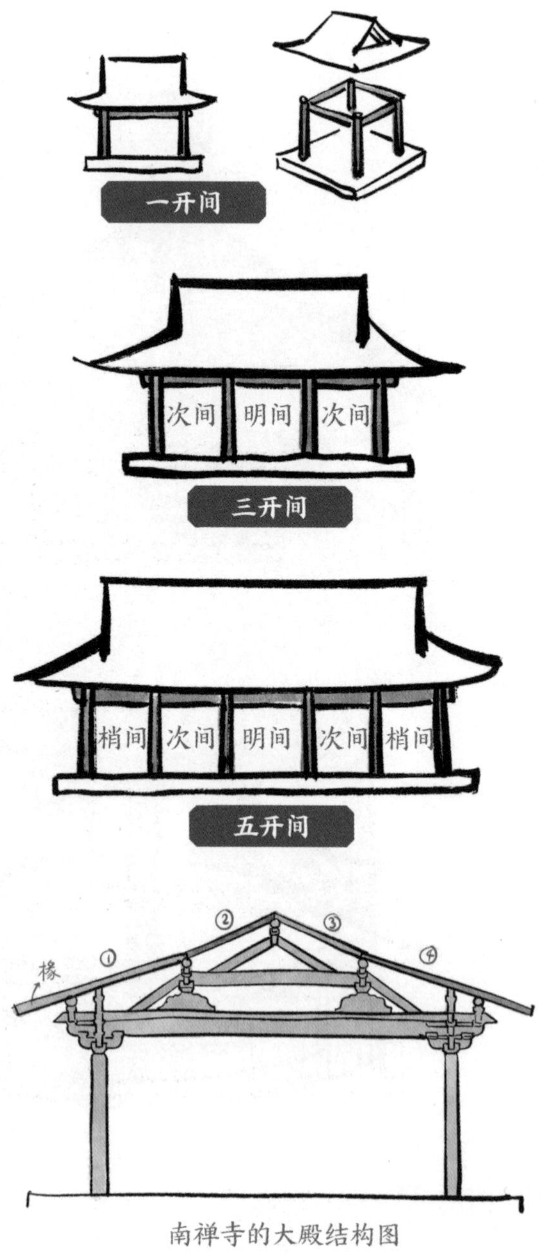

南禅寺的大殿结构图

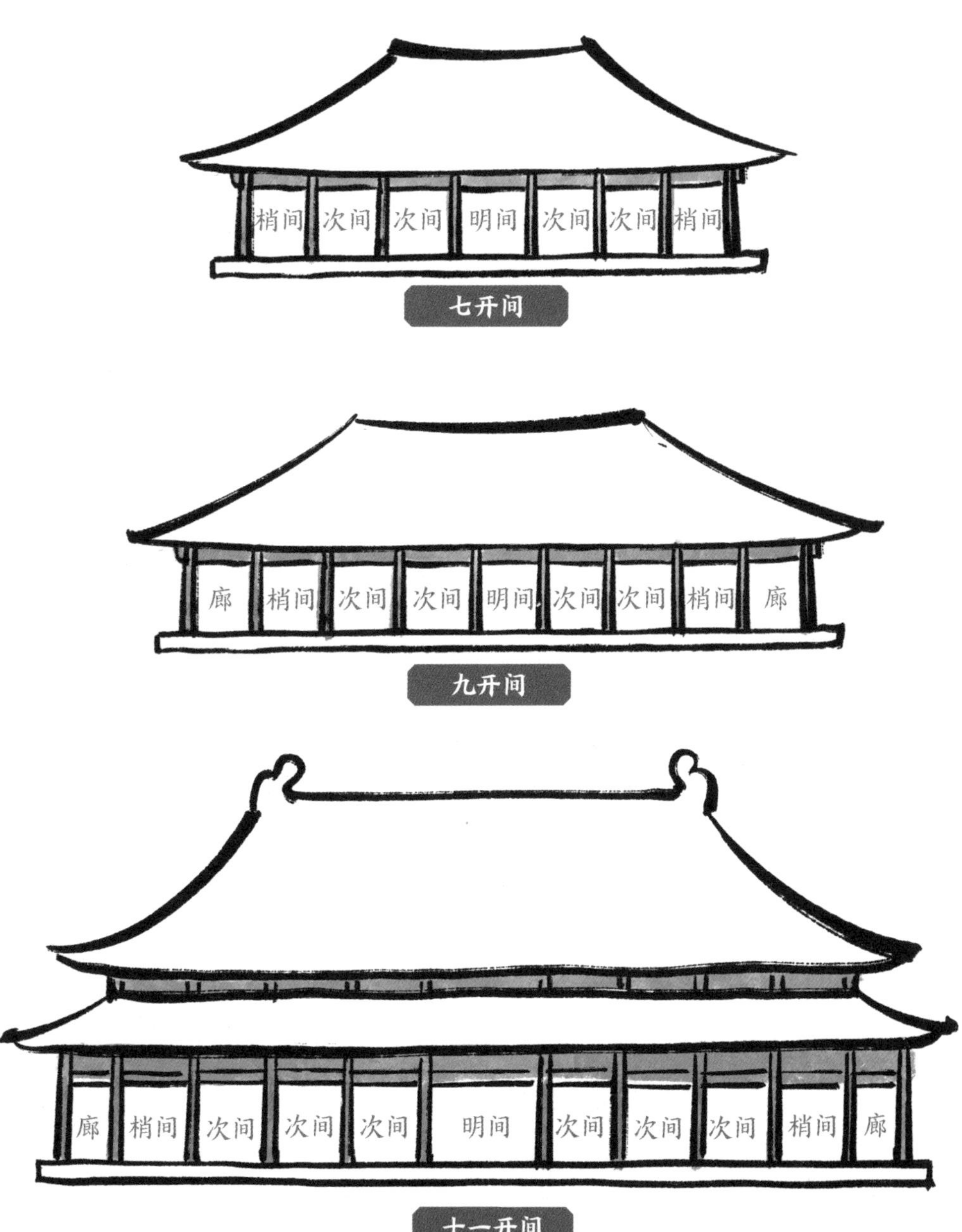
梢间
次间
次间
明间
次间
次间
梢间
七开间
廊
梢间
次间
次间
明间
次间
次间
梢间
廊
九开间
廊
梢间
次间
次间
次间
明间
次间
次间
次间
梢间
廊
十一开间

趣味冷知识

太和殿每一项指标都是最高的

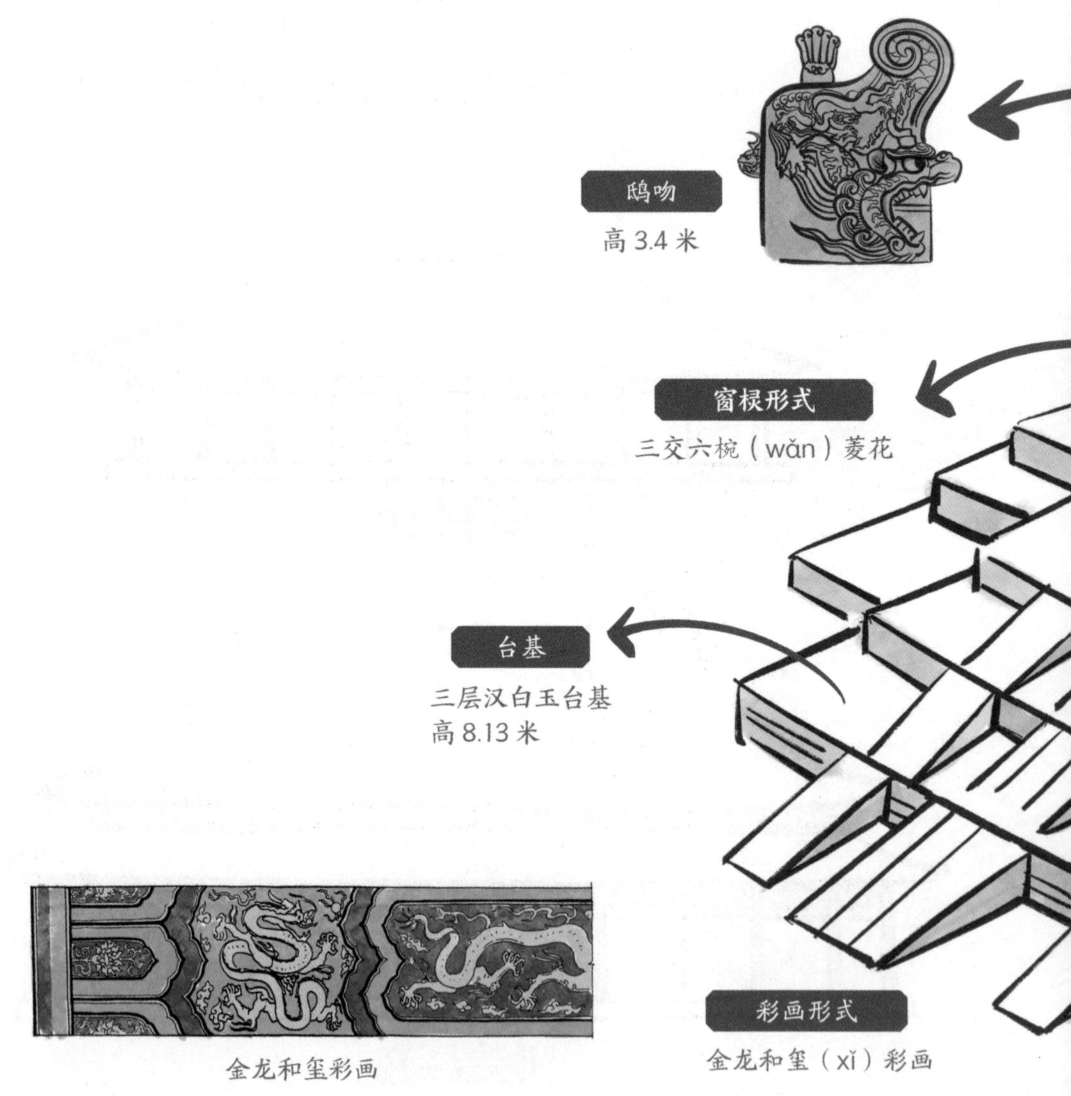

金龙和玺彩画

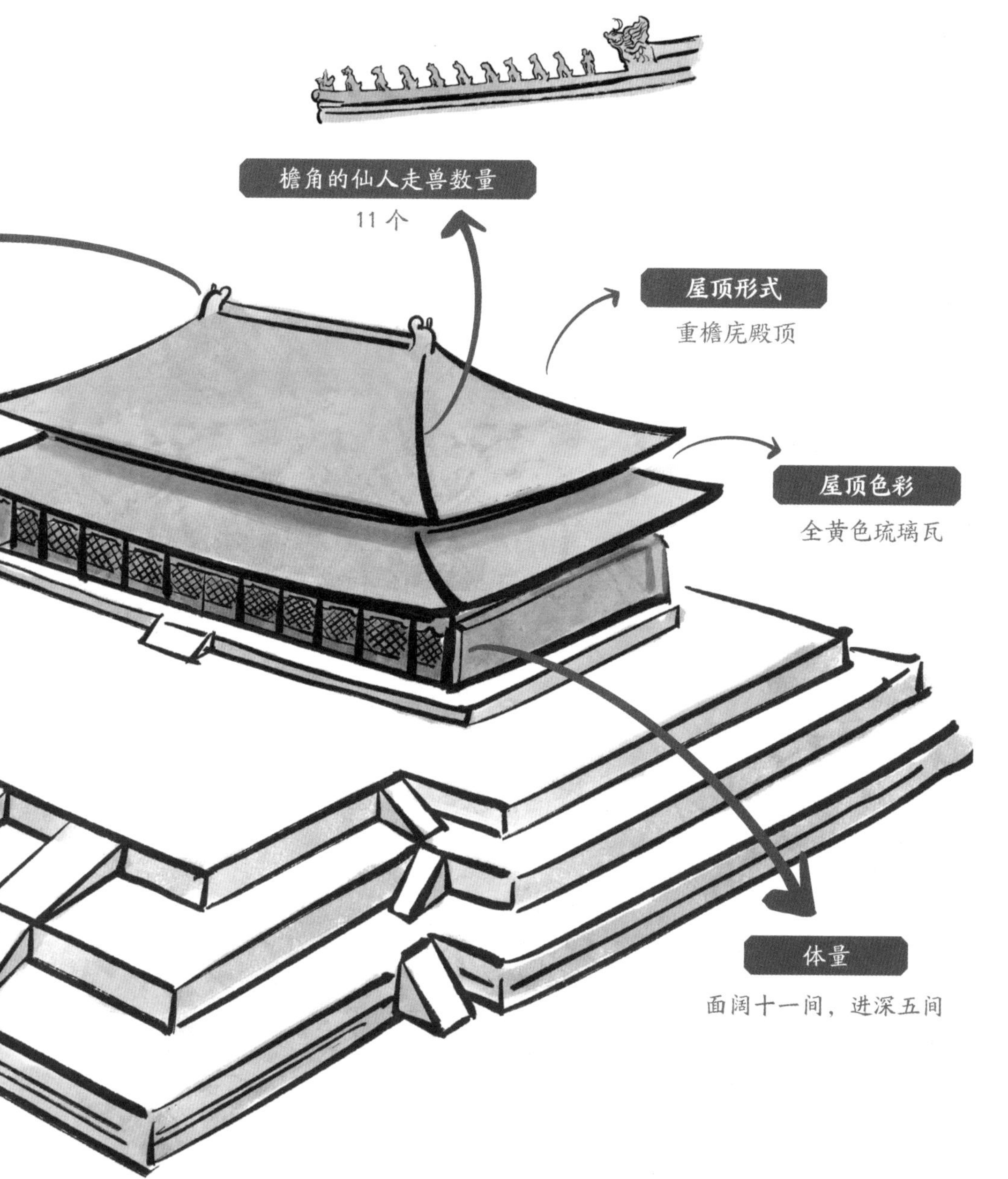
檐角的仙人走兽数量
11 个
屋顶形式
重檐庑殿顶
屋顶色彩
全黄色琉璃瓦
体量
面阔十一间，进深五间

第四章

屋脊的神兽都有哪些？

屋脊走兽的功能

走兽的最初功能可能是作为“帽子”盖住瓦钉头

为了防止瓦滑落，古人会在脊瓦、檐口瓦上钉钉子，早期的瓦钉为陶制的，后来是铁制的，铁钉可以很长，很牢固，但容易生锈。钉帽就是盖住钉头的，保护瓦不受雨水侵蚀。后来，钉帽的装饰作用更受古人重视，神仙、神兽逐渐登上屋脊。

汉代屋顶上的“神鸟”

屋顶被认为是连接天的地方

屋顶很早就被赋予了神圣的意义，汉代的画像石和陶楼的屋顶通常都有朱雀或凤鸟的装饰。

汉代非常崇拜朱雀，认为朱雀是一种拥有吉祥、福禄寓意的神鸟，尤其是在政治方面，如果一个国家的统治者是贤明的君主，朱雀就会“衔丹书而至”，反之则不会。凤鸟的形象与朱雀极为相似，所以长时间以来古人将二者视为同一物。朱雀被视为象征祥瑞的神鸟，也是人与神沟通的神鸟。

唐代建筑的檐角上可能没有走兽

古建筑的屋顶上有各式各样的神兽构件，主要是鸱吻、垂兽、戗兽、走兽（或称蹲兽、跑兽）、套兽等。檐角上的走兽在宋代以前尚未成形。隋唐时期的做法是用三个筒瓦［或写作瓯（tóng）瓦］做成起翘，这种瓦构件称为瓦头子，后来的走兽正是由此发展而来的。

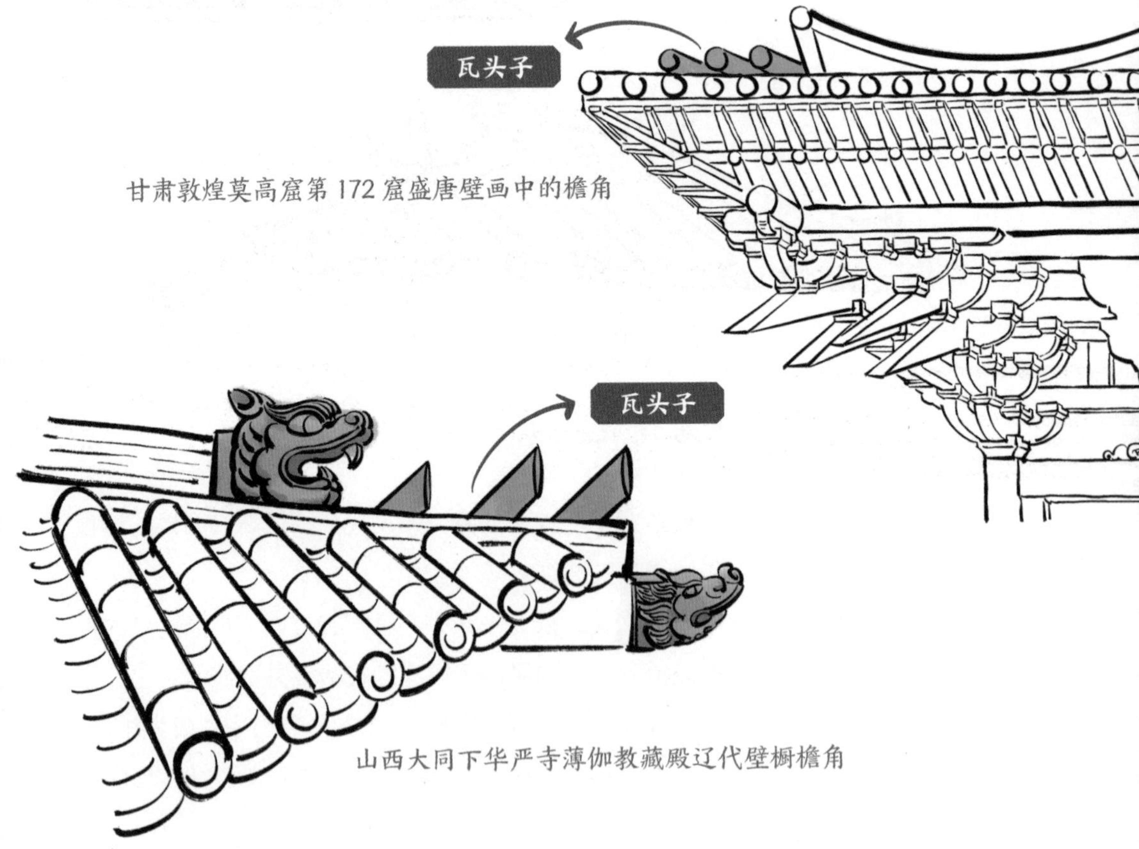

甘肃敦煌莫高窟第 172 窟盛唐壁画中的檐角

山西大同下华严寺薄伽教藏殿辽代壁橱檐角

不同时代，屋脊装饰不相同

金代琉璃武士
山西朔州崇福寺弥陀殿正脊装饰

山西朔州崇福寺弥陀殿的“脊兽”则是两尊琉璃菩萨（pú sà）像，正脊上还有两位琉璃武士，高 1.5 米，这些是金代作品，距今有 800 多年。

在宋、金、元时期，檐角顶头流行放一枚人首、鸟身的迦陵频伽（jiā líng pín jiā）像，宋代称“嫔（pín）伽”，汉语叫妙音鸟，是佛国世界里的一种神鸟。宋代把妙音鸟设于檐角，希望带来美好、吉祥。这种做法一直延续到元末明初。

金代迦陵频伽
河北磁州窑博物馆藏

山西朔州崇福寺弥陀殿檐角上的菩萨像

清代故宫的屋脊走兽

北京故宫屋顶上有很多神兽，放在屋脊上的称为走兽。根据建筑的等级、大小，走兽有多有少，配置也不太一样。

故宫太和殿的走兽最多，从领头的骑凤仙人到最后的行什（háng shí），一共十一个。其他建筑会有九、七、五、三或一个走兽，甚至没有。

一位头戴冠、手持笏板的仙官，骑在凤凰上，代表飞升的仙人，表示“逢凶化吉”。其实，骑凤仙人在宋元时期大多是妙音鸟的形象

一只坐着的马，有翅膀

一只坐着的马，没有翅膀

龙头鱼身，有前蹄，鱼尾

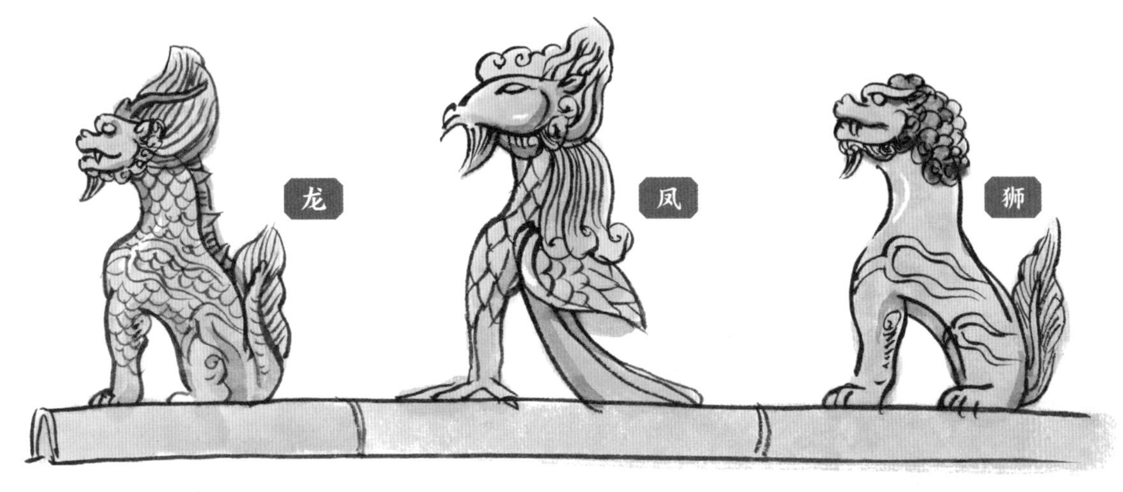

一只坐着的龙

一只坐着的凤

一只坐着的狮子，后脑有卷曲的毛发

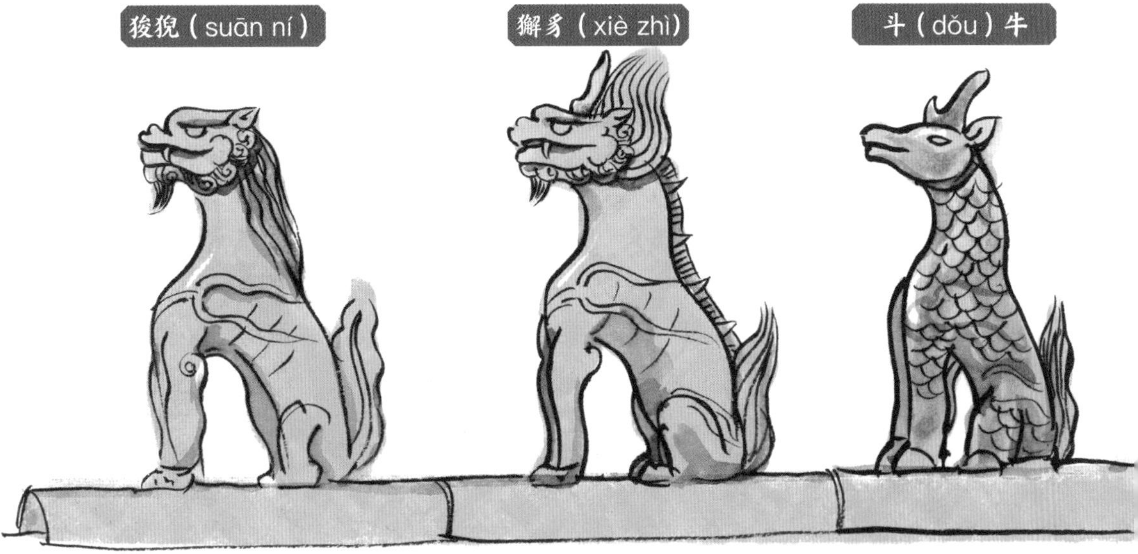

狻猊（suān ní）

獬豸（xiè zhì）

斗（dǒu）牛

与坐着的狮子几乎一样，但狻猊是披发

与坐着的龙几乎一样，但没有鳞，有蹄足，头上有一只角，也称独角兽

长着牛头、牛蹄、鳞片，头上有一只角

清代太和殿屋脊走兽的顺序

实际上，目前北京故宫的走兽有各个时代的，风格差异很大。上图是明代东华门的蹲龙，比清代的更挺拔、飘逸。

并非所有故宫的建筑都有骑凤仙人

故宫现存的走兽，是明清时期定下来的标准。并非所有的明清官式建筑都用骑凤仙人领头。低等级的灰瓦建筑用狮子领头，称“抱头狮子”，后面跟着的全是海马。

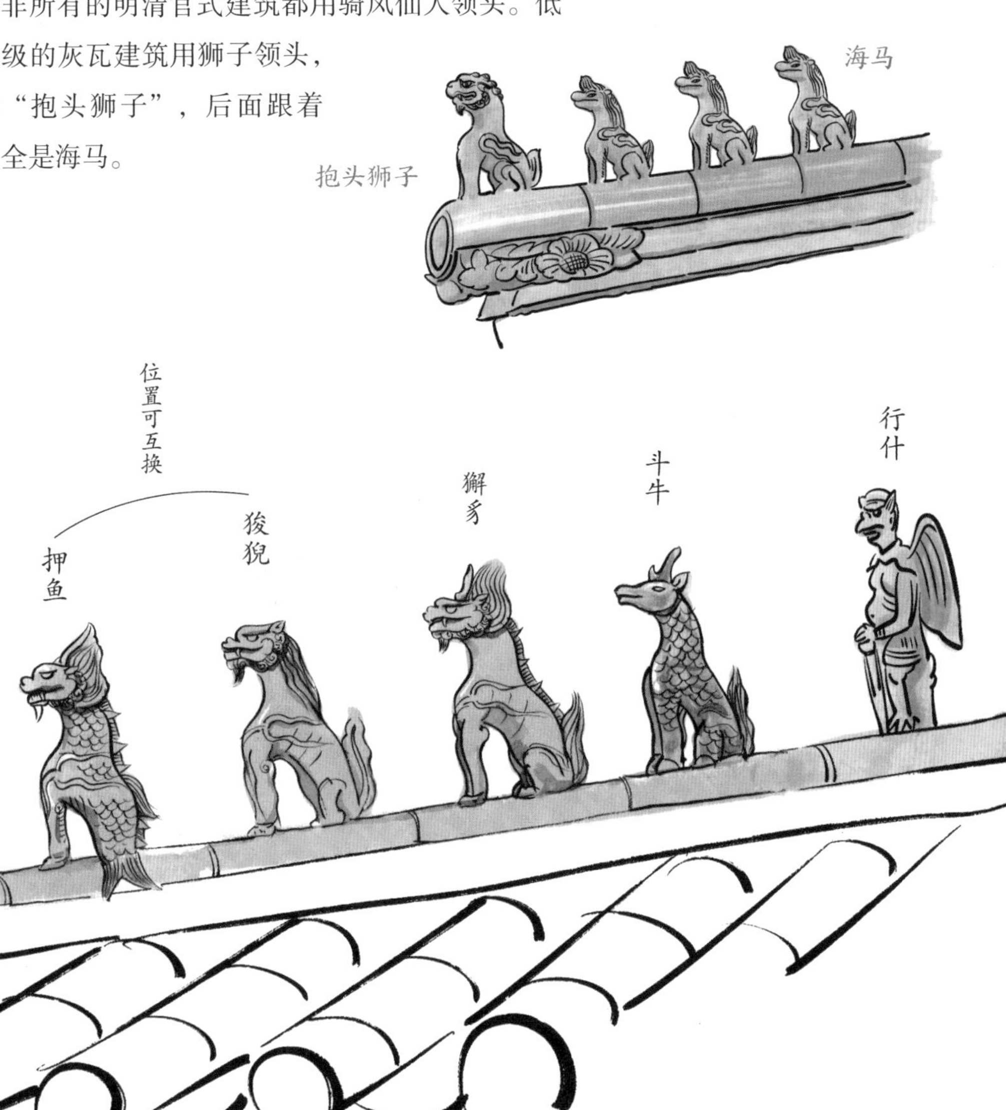

中国屋脊走兽的其他样式

除了明清官式建筑，其他古建筑屋脊的装饰品类也特别丰富，风格也很多样，尤其是山西地区的，艺术性很高，不同的屋脊装饰体现了不同的风俗和信仰。

山西明代琉璃脊兽
加拿大皇家安大略博物馆藏

山西明代琉璃脊兽
加拿大皇家安大略博物馆藏

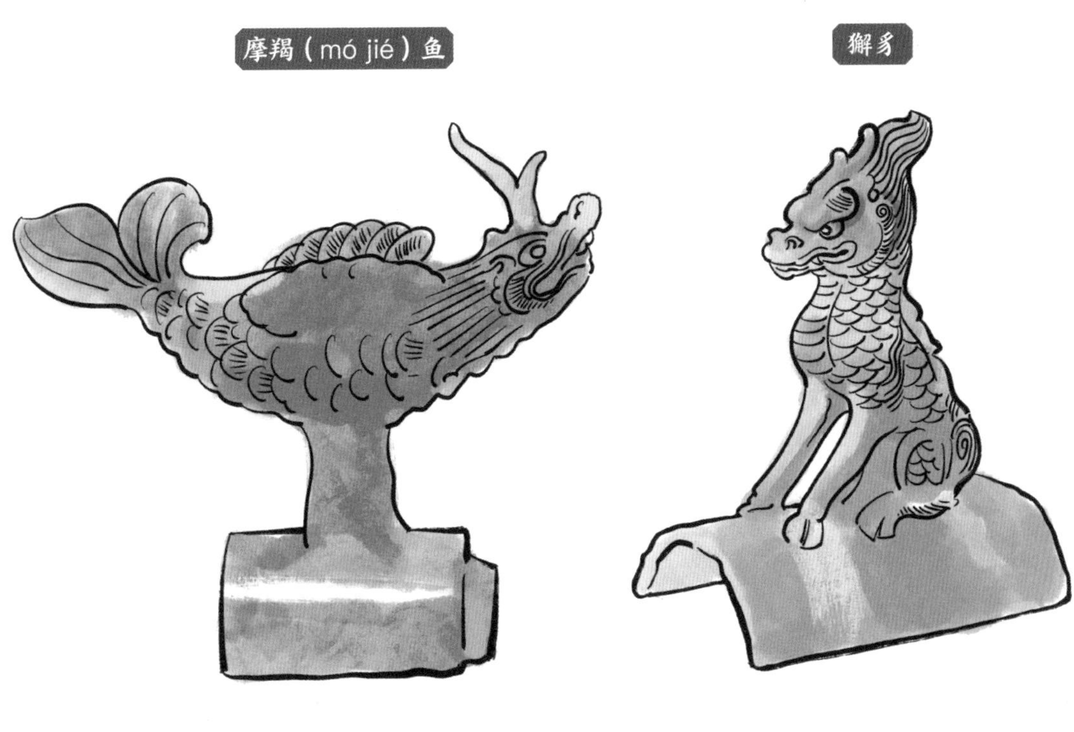

宁夏出土的西夏琉璃脊兽
宁夏博物馆藏

山西明代琉璃脊兽
英国 V&A 博物馆藏

趣味冷知识

“走投无路”的都是谁？

在晋（山西）东南地区，大部分古建筑的檐角没有一排走兽，而是在四个檐角顶端放置一枚武士俑，民间俗称“四短人”，其后面的兽头如同追兵，然而前方就是万丈悬崖，身体已悬出半空，处境可谓“走投无路”。四个檐角的武士，民间传说是韩信、庞涓、周瑜、罗成等历史人物。但专家认为，“走投无路”的这四位武士是宋代“嫔伽（佛教里的迦陵频伽）”的演变，民间将屋檐的装饰与历史故事相结合，起到了一定的教育与警示的作用。

西夏迦陵频伽
宁夏博物馆藏

山西陵川西溪二仙庙梳妆楼檐角

山西高平二郎庙的金代戏台

第五章

古建筑的屋角为什么翘起来？

屋顶翘起来是文化，也是技术

我国大部分地区，冬季较为寒冷，屋顶翘起得更高，阳光就能照进室内更多，室内会更温暖；雨水顺着曲线的屋顶能流出去更远，这个物理学现象叫“最速曲线”。曲线的屋顶比直线的屋顶更为实用。

屋顶曲线诞生的秘密手段之一：举架法

通过调节梁架的高度，屋顶的椽子曲折连接，屋顶的坡度越往上越陡，而屋檐处增加的斜面相接的飞椽让屋檐翘起得更高，这样的设计利于屋面排水和檐下采光。

形成屋顶曲线的方式还有很多：

在建筑的檩两头加上三角形的木头（生头木），把屋角垫起来。

檐角平置大小角梁，把檐角挑得更高。

支撑屋顶的柱子并不一样高，而是两边的略高，中间的略矮，形成弧线，这种做法称生起。

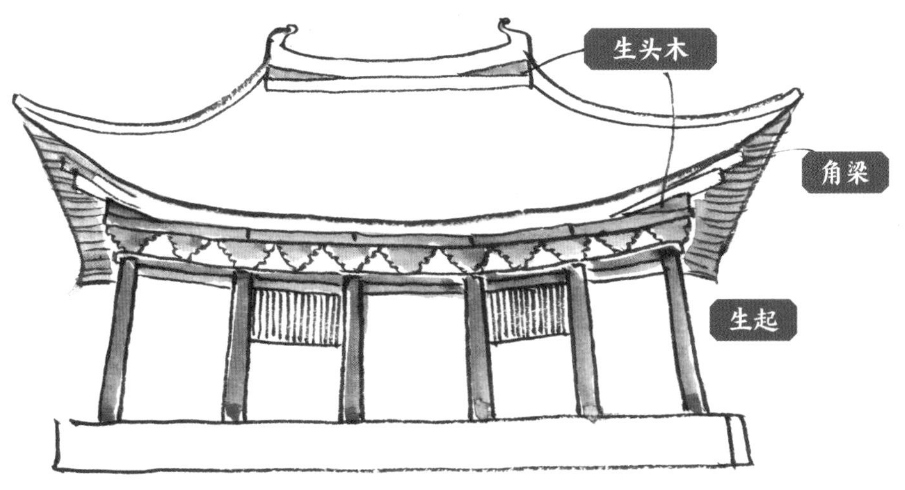

天人合一的艺术追求

站在建筑前面，我们看到翘起的屋檐像展翅的雄鹰，巨大的屋顶反而显得轻盈，似乎要腾空而起。在古人的心中，屋顶是与天相接的地方，屋顶呈现出飞向天空的动势表达了人们对天空的向往。

左右两边翘起的檐角（翼角）相互呼应，在天空形成暗线，虚实结合，连接成圆。

飞檐曲线是中国人特有的审美

很多国家都有类似中国的两面坡屋顶、四面坡屋顶，但只有中国建筑的屋顶呈曲线，翼角朝天，这种设计除了有实用性，还有艺术性。有学者认为这种设计体现了中国人特有的审美，源于中国传统文化中追求的“天人合一”。德国建筑学家伯施曼说：“中国人采用这些曲线的冲动来表达生命律动的愿望。……通过曲面屋顶建筑得以尽可能地接近自然的形态。”

中国古建筑的屋顶也是我们追求曲线美的体现，无论是我们的书法、白描画作，还是雕刻作品、各种装饰纹样，都有大量曲线，这些曲线如行云流水，气韵生动。

战国青铜戈（金银错）云龙鸟兽纹

东汉《观伎画像砖》上的舞女，
中国国家博物馆藏

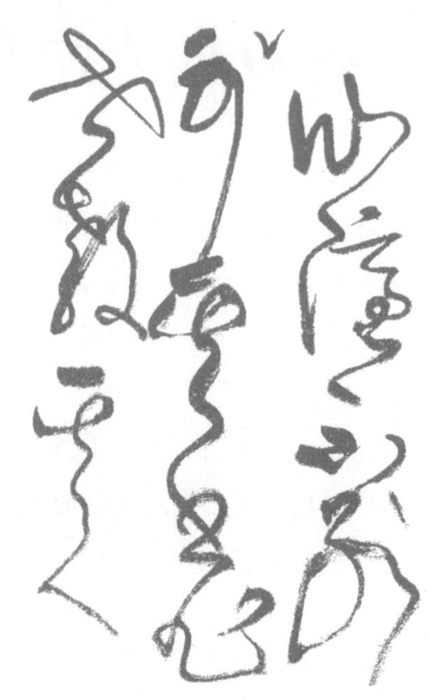

唐代张旭的草书作品《古诗四帖》局部，
从右到左、从上至下依次为：仙隐不别
可其书非 世教其人

四川自贡西秦会馆，建于清乾隆元年（1736年），该建筑拥有多重飞檐，充满动感的曲线使建筑似群鸟振翅欲飞。

趣味冷知识

盛唐以前的屋顶基本不起翘

从现存的汉代画像石、陶楼来看，汉代建筑的屋顶是平直的，并不起翘，飞檐、翘角并不存在。

到南北朝时期，塑造屋顶曲线变化的技术日趋成熟，凹曲屋面也逐渐成为建筑定式。不过唐代建筑的屋架举折较低，屋面曲线比较平缓。宋元时期，举折增加，屋顶的曲线更优美，檐角角梁平置，形成飞檐。到明清时期，屋顶更陡，上面陡峭到了人不能站立的程度。这个时期，江南、四川、重庆等地建筑的飞檐就更加夸张，比北方建筑起翘得更高。

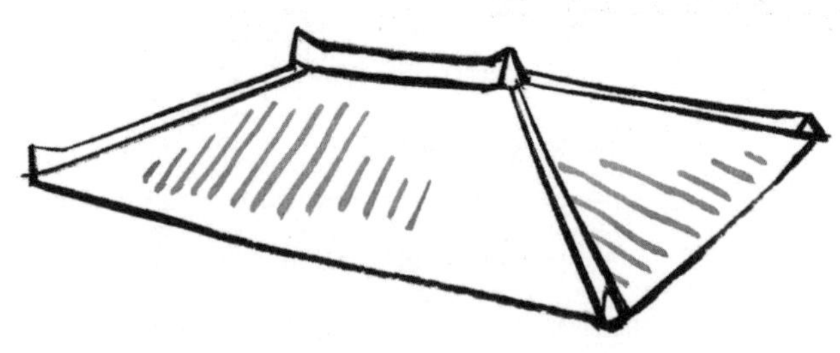

汉代
屋顶平直，檐角不起翘

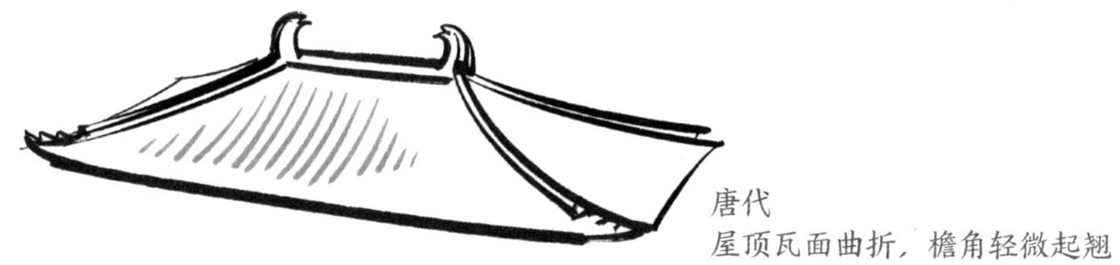

唐代
屋顶瓦面曲折，檐角轻微起翘

宋元时期
屋顶瓦面曲折的程度更为明显，
檐角明显起翘

明清时期
江南建筑的屋顶瓦面曲折明显，
檐角起翘更为夸张

历来被视为极特异极神秘之中国屋顶曲线，其实只是结构上直率自然的结果，并没有什么超出力学原则以外和矫揉造作之处，同时在实用及美观上皆异常的成功。

——建筑学家　林徽因

第六章

屋顶的大龙头和脊刹是什么？

河南嵩山初祖庵大殿正脊

鸱尾的起源

起源于东汉

鸱尾或称鸱吻，是设置在古建筑屋顶正脊两端的建筑构件，在正脊两端，以及三条脊的相交处，又位于高处，很容易损坏，进而令屋顶漏雨，所以需要加强处理。

东汉时期，这个位置会用板瓦和筒瓦多层叠加形成起翘，既美观，又可加强对结合点的防护。

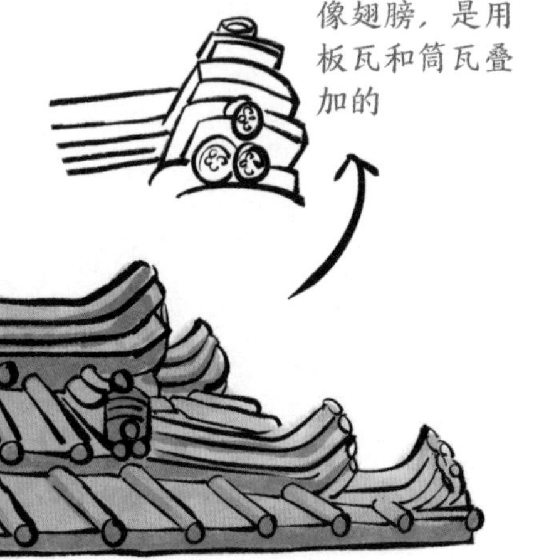

东汉陶楼屋顶，四川博物院藏

是朱雀，还是鸱鸟？

汉代也有直接烧制的简单的灰陶构件，在建筑正脊两端高高翘起，从侧面看像鸟的翅膀。有的学者认为这一构件是模拟朱雀或凤鸟的形象。从现有的材料来看，东汉人还没有做出像样的鸱尾。

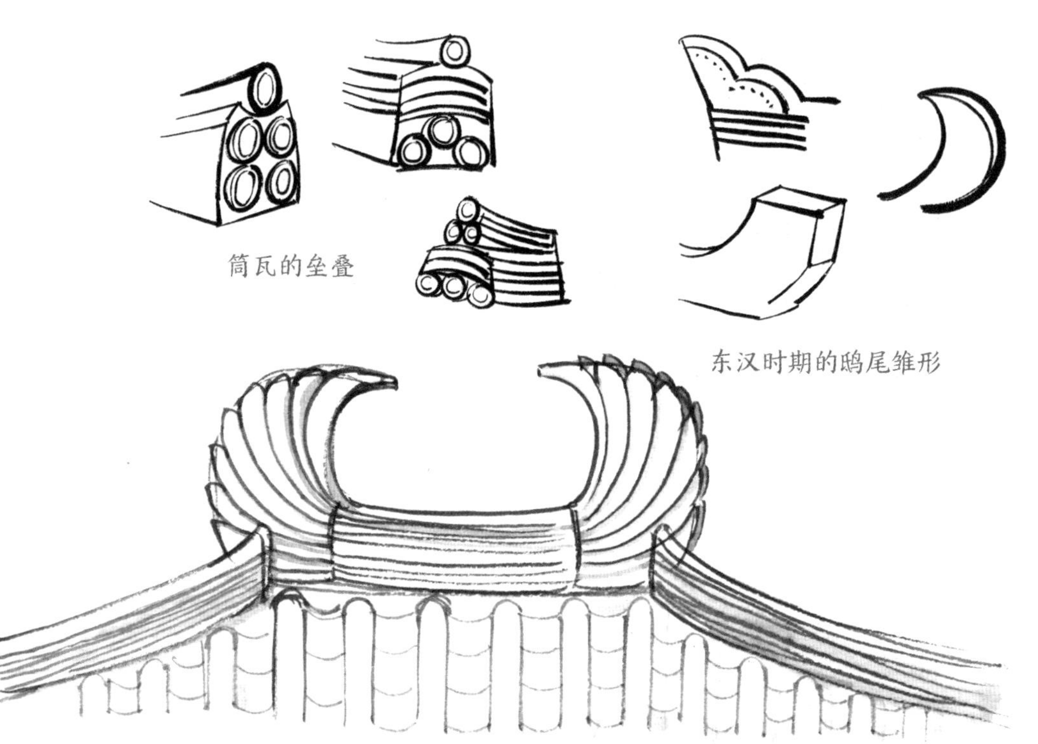

正式诞生可能在北朝

真正意义上的鸱尾诞生的时间目前仍存在争议，一种观点是鸱尾诞生于北朝，用陶土直接塑造成像鸟尾一样的造型。有一片片“羽毛”的“鸟尾”也正好跟一层层瓦叠成的正脊相吻合。这样的鸱尾是东汉用瓦叠加起翘的“升级版”，把原来的瓦片组合件做成了固定构件。

当然，寓意也是鸱尾出现的重要原因。木建筑防火是头等大事。汉代有越国巫师说东海有“鱼虬（qiú）”，尾巴像鸱鸟（一种像鹰一样的鸟），能激起浪花降雨。又有术士说天上有鱼尾星，如果人们把它的样子做在房屋上，可以防火。总之，鱼虬、鱼尾星，大概是人们对鲸的神化，因为鲸背可以喷水（鲸的鼻子在背上），这个能力与人们对古建筑防火的愿望非常契合，因此人们将正脊两头的构件命名为“鸱尾”，既形象又有寓意。

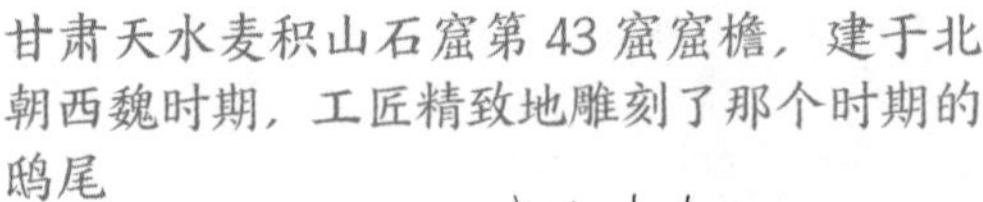

甘肃天水麦积山石窟第 43 窟窟檐，建于北朝西魏时期，工匠精致地雕刻了那个时期的鸱尾

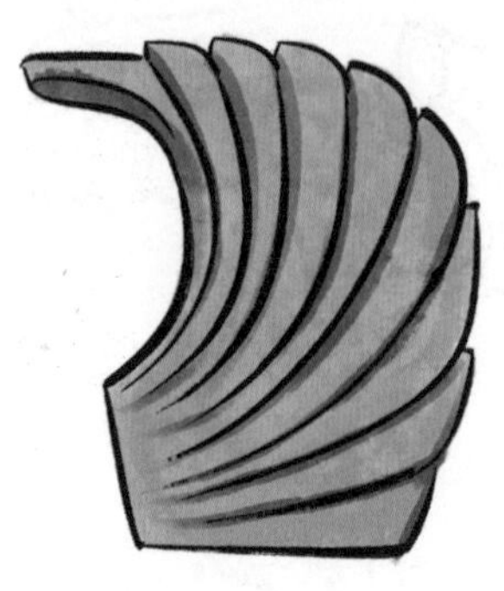

北齐时期的陶制鸱尾，是现存较为古老的鸱尾实物，河北临漳邺城博物馆藏

jù què
拒鹊

唐代鸱尾

唐代的鸱尾

鸱尾上插铁钎（qiān）子，一是可以防止鸟类站在鸱尾上，因为大型鸟类站在鸱尾上，起飞的时候腿部的蹬力很大，容易损坏鸱尾；二是可防止鸟类在鸱尾上筑巢、排便。这种铁钎子在宋代叫“拒鹊”，到明清时期已经很少见到，但山西还有，且多做成三叉戟形。

典型的唐代鸱尾

比之于北朝的鸱尾，唐朝的缩小了羽毛的比例，更为简洁了。

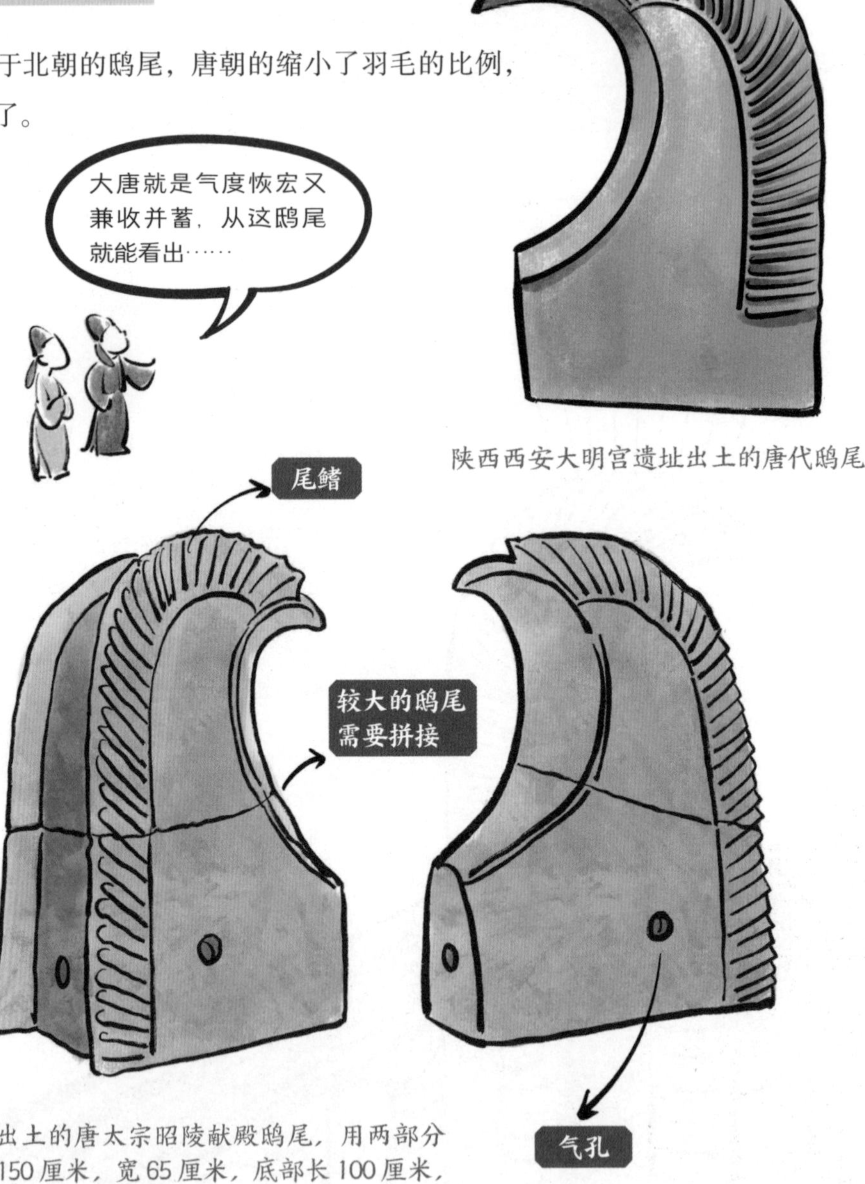

陕西西安大明宫遗址出土的唐代鸱尾

陕西礼泉出土的唐太宗昭陵献殿鸱尾，用两部分拼成，高 150 厘米，宽 65 厘米，底部长 100 厘米，是我国目前发现的早期鸱尾实物之一

盛唐时期，鸱尾逐渐转变为鸱吻

在盛唐时期，鸱尾发生了变化，出现了鸟头、兽嘴，这一时期是鸱尾向鸱吻过渡的阶段。“吻”就指兽的大嘴。“鸱吻”这个词最早出现于五代时期《旧唐书》：“大风毁太庙鸱吻。”

陕西渭南蒲城县唐玄宗泰陵东南角阙出土的鸱吻，灰陶质地，尾翼竖起，上吻翻卷上竖，獠牙锋利，兽嘴内有一个圆孔，用来与正脊连接。这一鸱吻有兽头大嘴、鸟头、尾羽、联珠纹，已经由简洁变得复杂，现藏于陕西省考古研究院

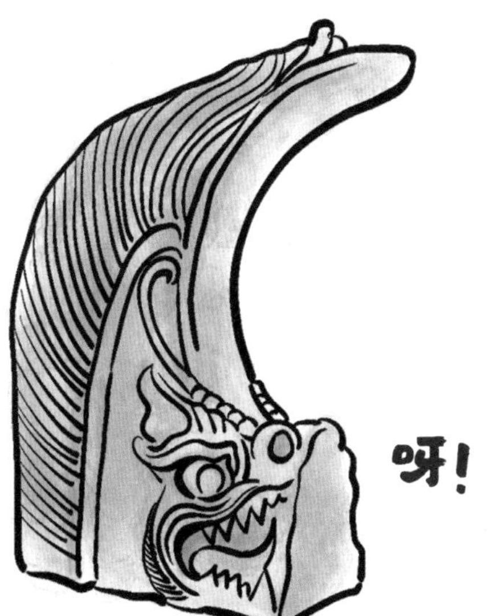

河北邢台南宫市紫冢镇后底阁村出土的唐代鸱吻，出现了兽头大嘴与鸱尾的结合，这种新样式也出现于敦煌壁画中，这件重要的实物现藏于河北邢台博物馆

鸱吻到底是什么？

鸱尾出现了兽头、鱼身的重要变化，不少学者认为这是受到了佛教里摩羯的影响。摩羯也叫摩羯鱼，梵文为“makara”，音译为“马卡拉”，亦称“摩伽罗”，原意是“海龙”或者“水怪”。在印度神话中，摩羯的形象为一种长着兽头、长鼻、利齿、鱼身、鱼尾的动物，被认为是河水之精、生命之本，有着翻江倒海的神力。据佛经记载，摩羯是一种“眼如日月，鼻如太山，口如赤谷”的海中巨鳖（biē）鱼，有“鱼中王”之说，可“吞陷一切”，“能避一切恶毒”。在印度神话中，摩羯原本性恶，加害凡人，被释迦牟尼度化后弃恶从善，成了神兽。

随着佛教传入中国，摩羯作为一种信仰的崇拜物在中国流行开来，与中国的龙、凤鸟、鱼等形象结合，在唐代十分流行，具有吞噬、辟邪、防火的特征，因此人们将摩羯与早已存在的鸱尾结合起来。

印度北方邦萨尔纳特出土的摩羯吞人浮雕，5世纪晚期，印度新德里国家博物馆藏。传说摩羯鱼腹内有宝珠。显然，摩羯鱼融合了大象、鳄鱼、鲸鱼等动物的特征

印度中央邦的巴尔胡特大塔（Bharhut Stupa）遗址栏杆雕刻的摩羯鱼，公元前2世纪

唐鎏金双摩羯纹，9世纪，内蒙古博物院藏

陕西西安华清宫遗址出土的唐三彩套兽，其卷鼻这一特征与摩羯的风格一致。套兽就是套在屋檐角梁头上，保护梁头的构件

陕西西安唐华清宫御汤遗址出土的唐三彩鸱吻，鸱吻上部已残，下部有后世常见的大嘴、卷鼻、犄角，这充分证明唐代已经出现了带大嘴的鸱吻，且已经出现了彩色的。不过这件上半部已残的鸱吻，你能脑补其完整的形象吗？

不同朝代各式各样的鸱吻

五代、宋、辽、西夏、金时期的鸱吻

四川成都孟知祥墓中的鸱吻，五代后蜀

天津蓟州独乐寺的山门鸱吻，辽代原作，是仍在建筑上使用的最古老的鸱吻实物。该鸱吻有兽头、鱼身，尾巴向内伸展，保留了唐代的尾羽，但身上已经遍布鱼鳞，兽头有卷曲的鼻子，这是唐代鸱尾向鸱吻过渡的重要实物证据

北宋时期的鸱吻目前没有发现一个完整的实物。这是绘于《瑞鹤图》上的北宋皇城鸱吻

南宋天封塔地宫银殿鸱吻，宁波博物院藏

宁夏银川西夏皇陵石碑亭遗址出土的绿琉璃鸱吻，有摩羯鱼典型的大嘴、鱼身，完全是摩羯鱼中国化的形象，犄角缺失，现藏于中国国家博物馆

山西大同上华严寺内大雄宝殿北侧的鸱吻，是金代琉璃鸱吻原作，由八块琉璃构件拼接而成，兽头、犄角、鱼身、卷鼻等特征明显，高达 4.5 米，是现存最高的鸱吻

元代的鸱吻：鱼尾变龙尾

山西运城永乐宫三清殿的鸱吻，高3.02米，以红泥作胎，上面施孔雀蓝釉，形态为巨龙盘曲式。整体釉色艳丽，造型特殊，举世罕见

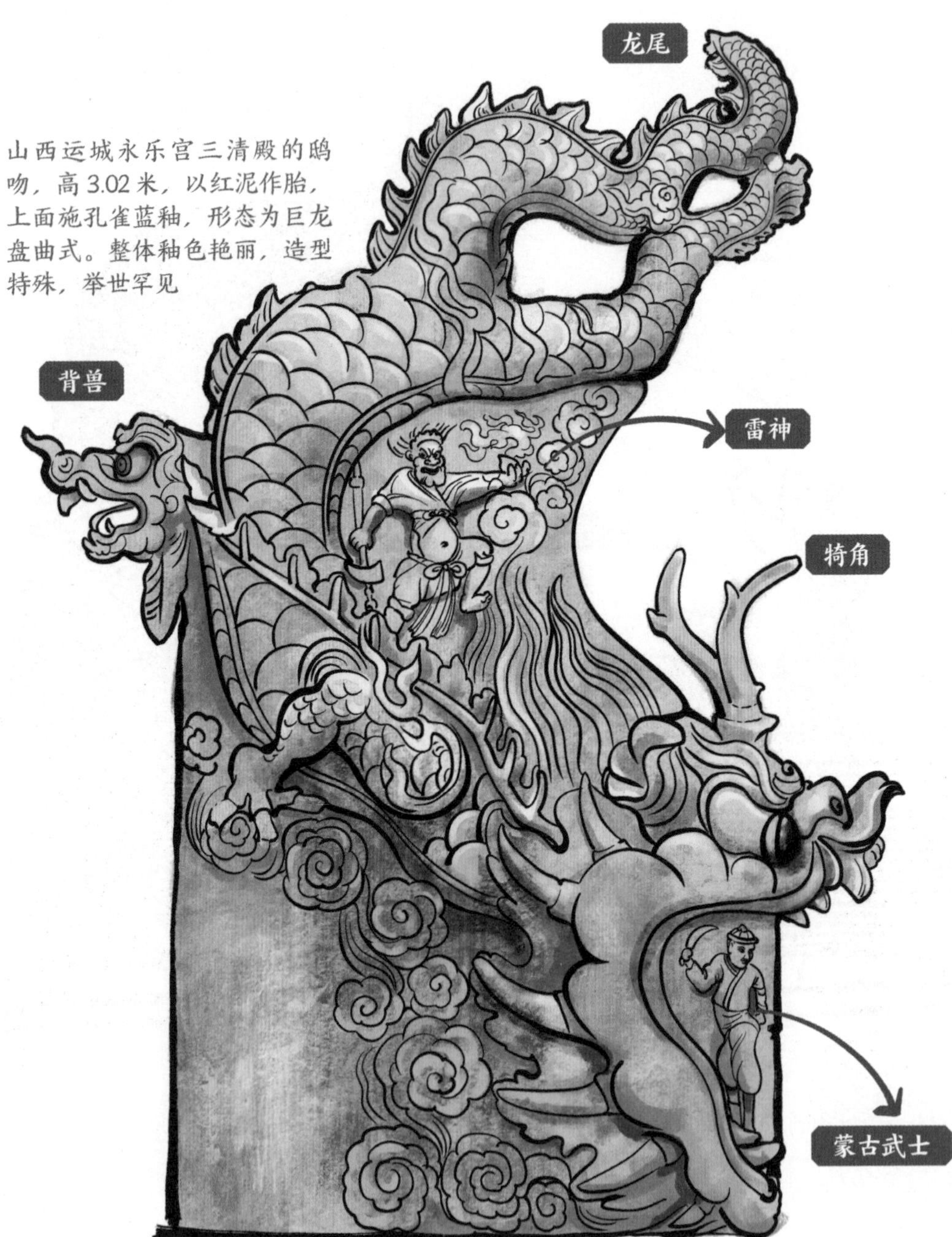

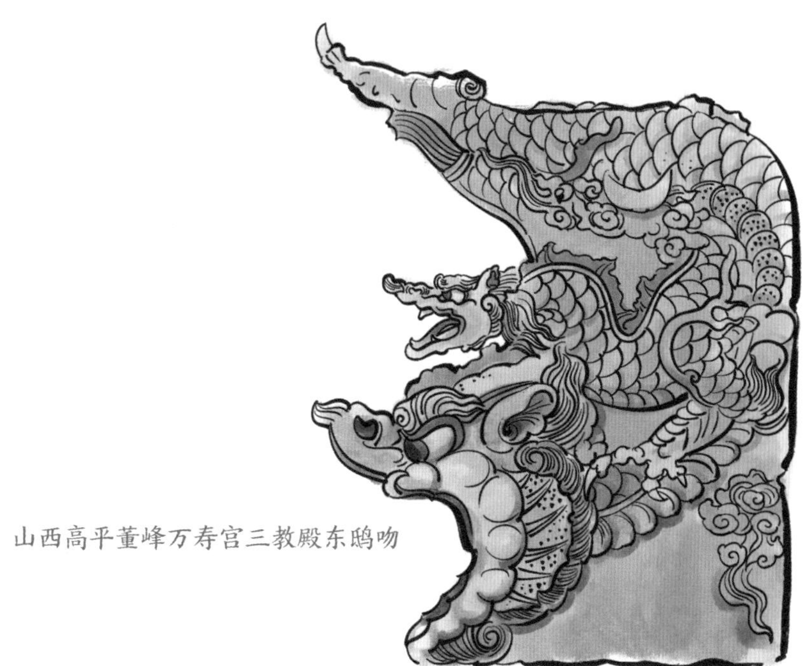

山西高平董峰万寿宫三教殿东鸱吻

缺失

后补

山西五台佛光寺东大殿鸱吻，元代仿唐代风格烧造

明清时期，琉璃鸱吻日趋普及

明清时期，琉璃烧造技术更趋成熟，琉璃鸱吻相当普及，这让屋顶的色彩和造型开始变得丰富、华丽，甚至繁复。鸱吻的造型也基本定型，逐渐脱离鸟、鱼形，而更像龙形，吻嘴巨大的兽头吞口，有两只犄角，尾部卷成圆形，身上还有一只小龙，也称“仔（zǐ）龙”——有的一面是龙，一面是凤。明代的鸱吻艺术水准普遍高于清代的。吻兽凶猛，造型和谐，想象力丰富，变化多样。

三彩卷尾凤吻，明代鸱吻，鸱吻的仔龙一面为龙，一面为凤，山西博物院藏。这种蓝釉十分晶莹剔透，工艺精湛

山西运城关帝庙内气肃千秋牌坊上的清代鸱吻，顶部为一只凤凰，十分独特

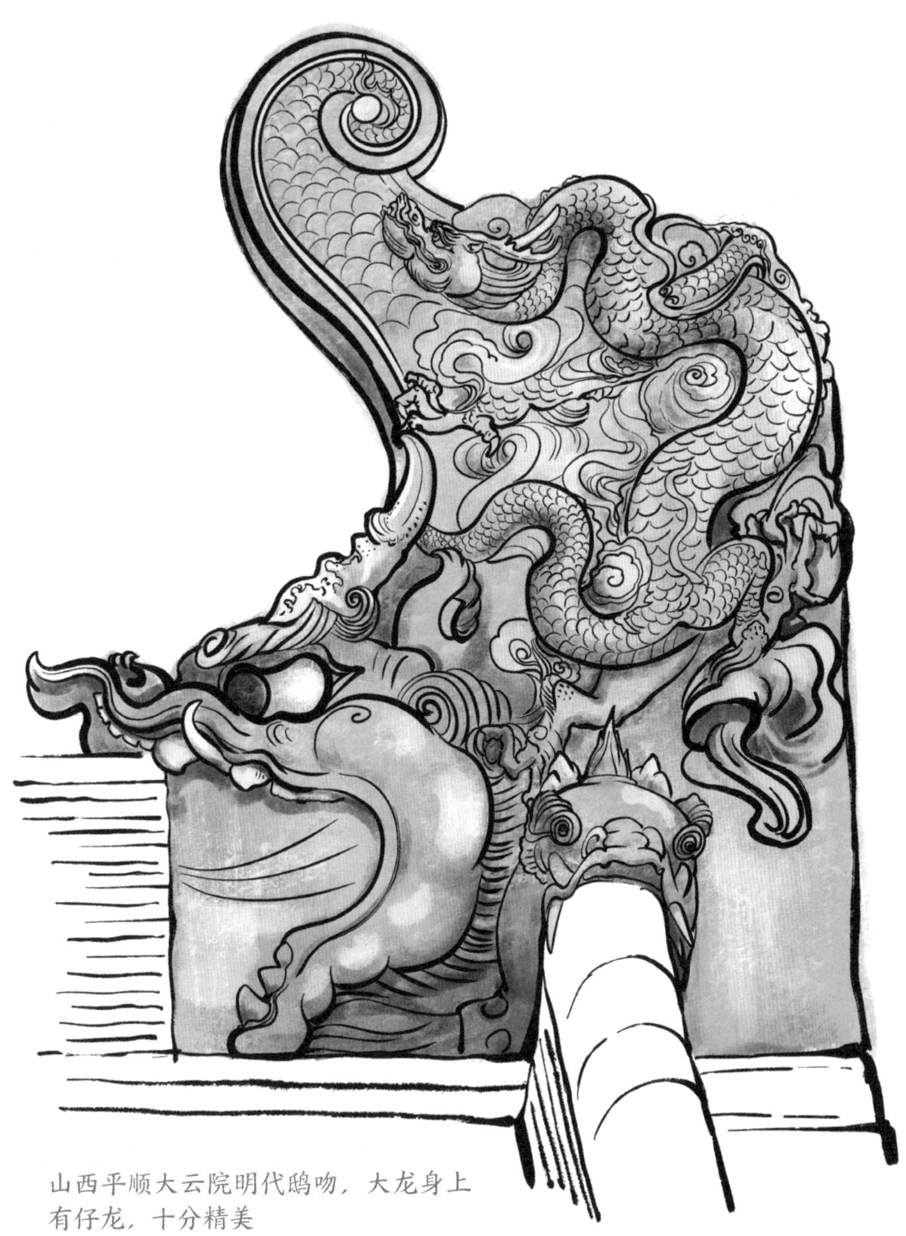

山西平顺大云院明代鸱吻，大龙身上有仔龙，十分精美

江苏苏州狮子林内的清代鱼龙吻。南方的古建筑大多把鸱吻直接做成龙头、鱼身的，俗称鳌（áo）鱼，有“鱼跃龙门”“独占鳌头”等寓意

河北承德普乐寺内的清代鸱吻，直接模仿了藏传佛教寺院里的摩羯鱼

明清鸱吻之最

鸱吻做多高、多大，是由建筑的体量决定的，与建筑的比例适当，宋代即有严格的规定。北京故宫太和殿的鸱吻，烧造于清康熙时期，是当时和现存明清官式建筑的鸱吻中最大的，由 13 块琉璃件拼装而成，还不算剑靶（或称“剑把”），大吻高 3.4 米，宽 2.7 米，重约 4300 千克，显示了皇家的威严与地位。

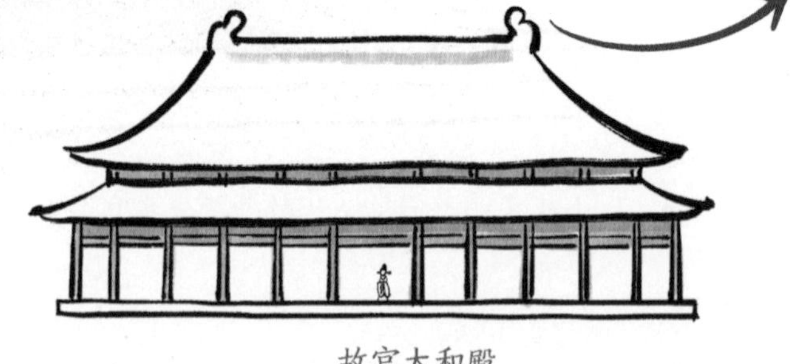

故宫太和殿

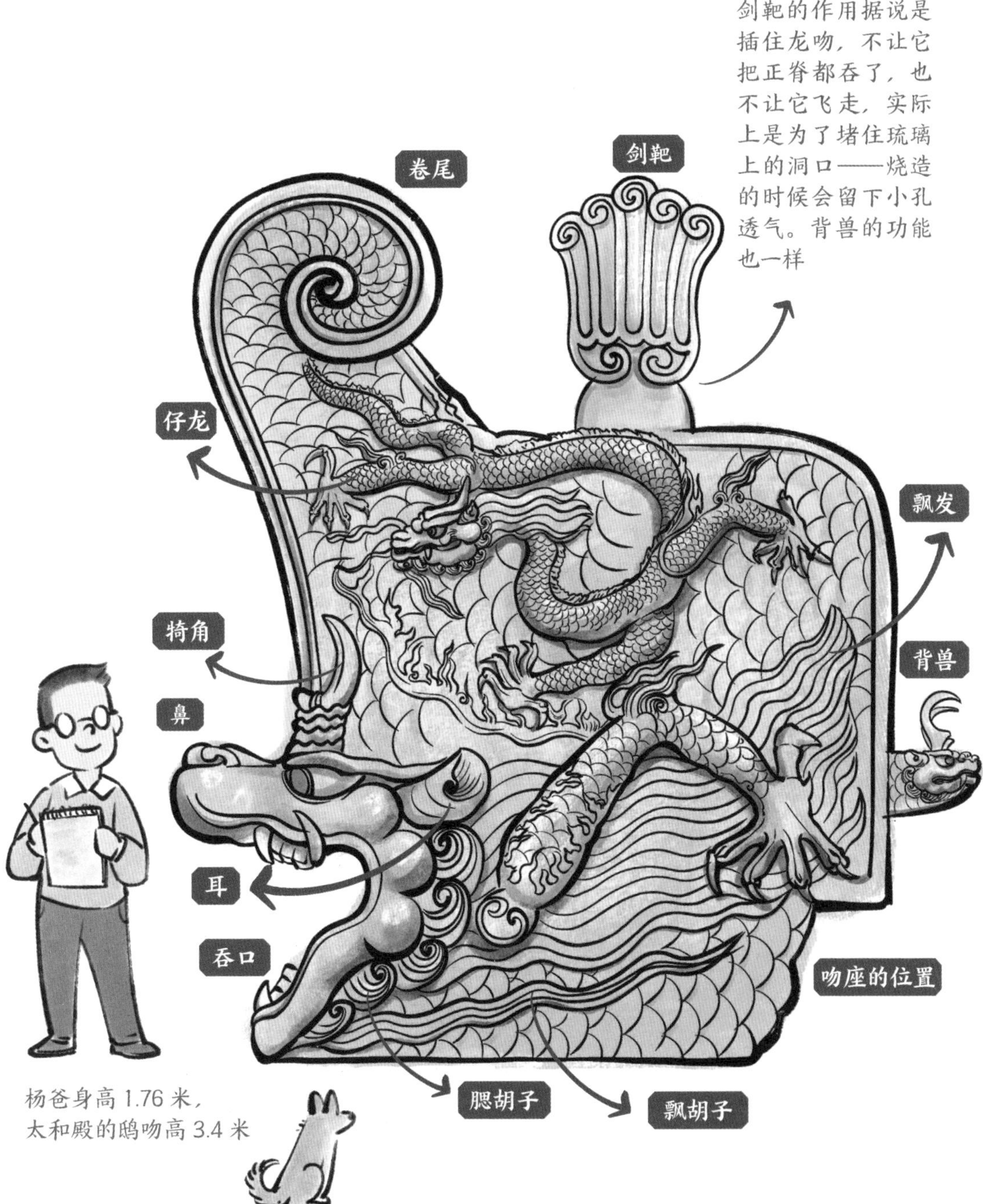
剑靶的作用据说是插住龙吻，不让它把正脊都吞了，也不让它飞走，实际上是为了堵住琉璃上的洞口——烧造的时候会留下小孔透气。背兽的功能也一样
卷尾
剑靶
仔龙
飘发
犄角
背兽
鼻
耳
吞口
吻座的位置
腮胡子
飘胡子
杨爸身高 1.76 米，
太和殿的鸱吻高 3.4 米

殿吻楼兽

自宋代以来，一些等级较低的官式建筑，比如城楼、钟鼓楼等，正脊不用鸱吻，而用跟垂兽一样的构件，叫“望兽”。鸱吻的兽嘴向内吞脊，望兽的兽嘴向外。宫殿用鸱吻，城楼用望兽，俗称“殿吻楼兽”。当然，对老百姓来说，民居是不允许使用鸱吻的。

明代的官式垂兽样式，清代基本继承了这个样式

它们虽然长相完全一样，
但是放的位置不同，
名称就不一样！
望兽
戗兽
垂兽

屋顶上的脊刹是什么？

脊刹是外来的还是中国的？

中国人是喜欢对称和“中”的，在正脊两端和正中间都会做特殊的装饰，不仅使建筑更有仪式感，而且多半还有通神或吉祥的寓意。古建筑的正脊正中间凸起的装饰性构件为“脊刹”，类似的构件最迟在东汉时期就已经出现了。东汉画像石上有不少类似“脊刹”的装饰，但当时肯定不叫脊刹。

自从佛教传入中国并逐渐兴盛，正中间这个凸起的装饰就成为佛塔的一种形式，称为“脊刹”。“刹”读 chà，指佛塔，比如古刹、宝刹，塔刹指佛塔顶部的整套装置。脊刹主要用于佛殿正脊上，后来也不限于佛殿，也用于楼阁等世俗建筑。

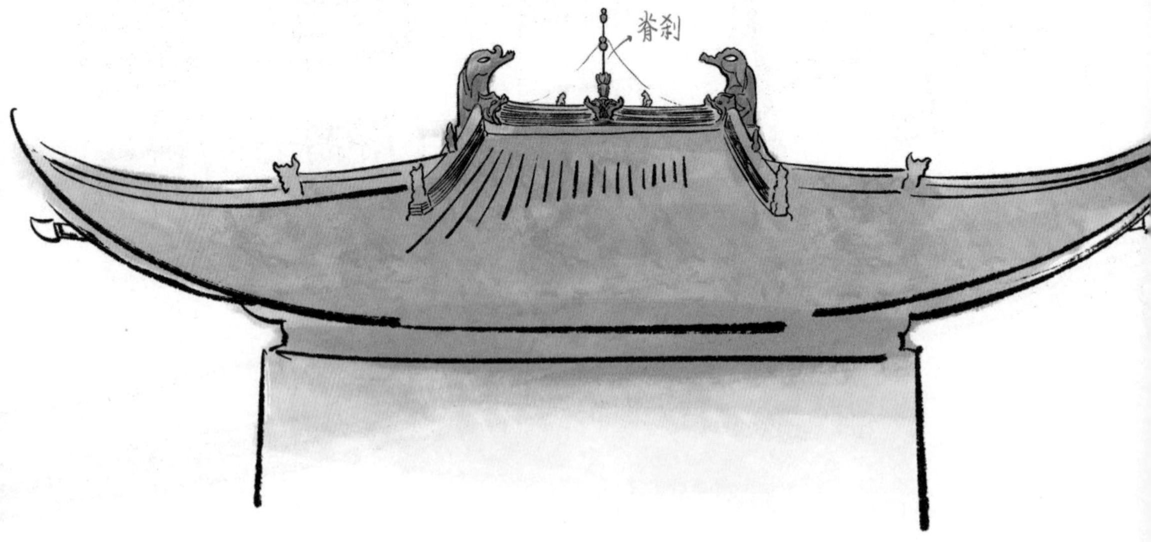

东汉画像石拓片局部，
四川乐山崖墓博物馆藏

江苏徐州白集汉墓南窗画像，
石刻局部

脊刹都有哪些样式？

脊刹的产生受佛教影响，非佛教建筑也受到了佛教影响。唐代佛寺大殿的脊刹多为宝珠、莲花样式，比较简单。

至宋以后，琉璃脊刹开始多起来，而且样式丰富多彩，尤其是山西地区的。脊刹两侧通常有两个背对的吻兽吞脊，中间设置金刚力士、楼阁、莲花、宝珠、青狮、白象等。祠庙和道教建筑多用葫芦、宝塔、神仙、宝瓶等。

除了佛塔、宝珠、青狮、白象等与佛教有关的样式，民间脊刹出现了各式各样的演变，如二龙戏珠、葫芦、火焰、方孔钱、神仙、花篮，甚至皇帝的匾额等样式。

唐代佛寺宝珠脊刹，来自甘肃敦煌莫高窟第 361 窟壁画

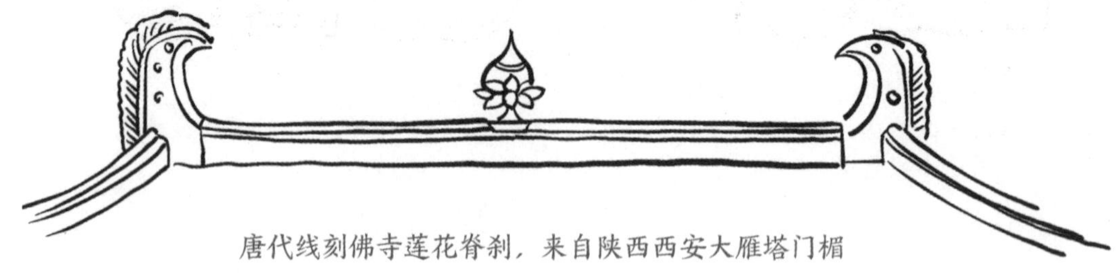

唐代线刻佛寺莲花脊刹，来自陕西西安大雁塔门楣

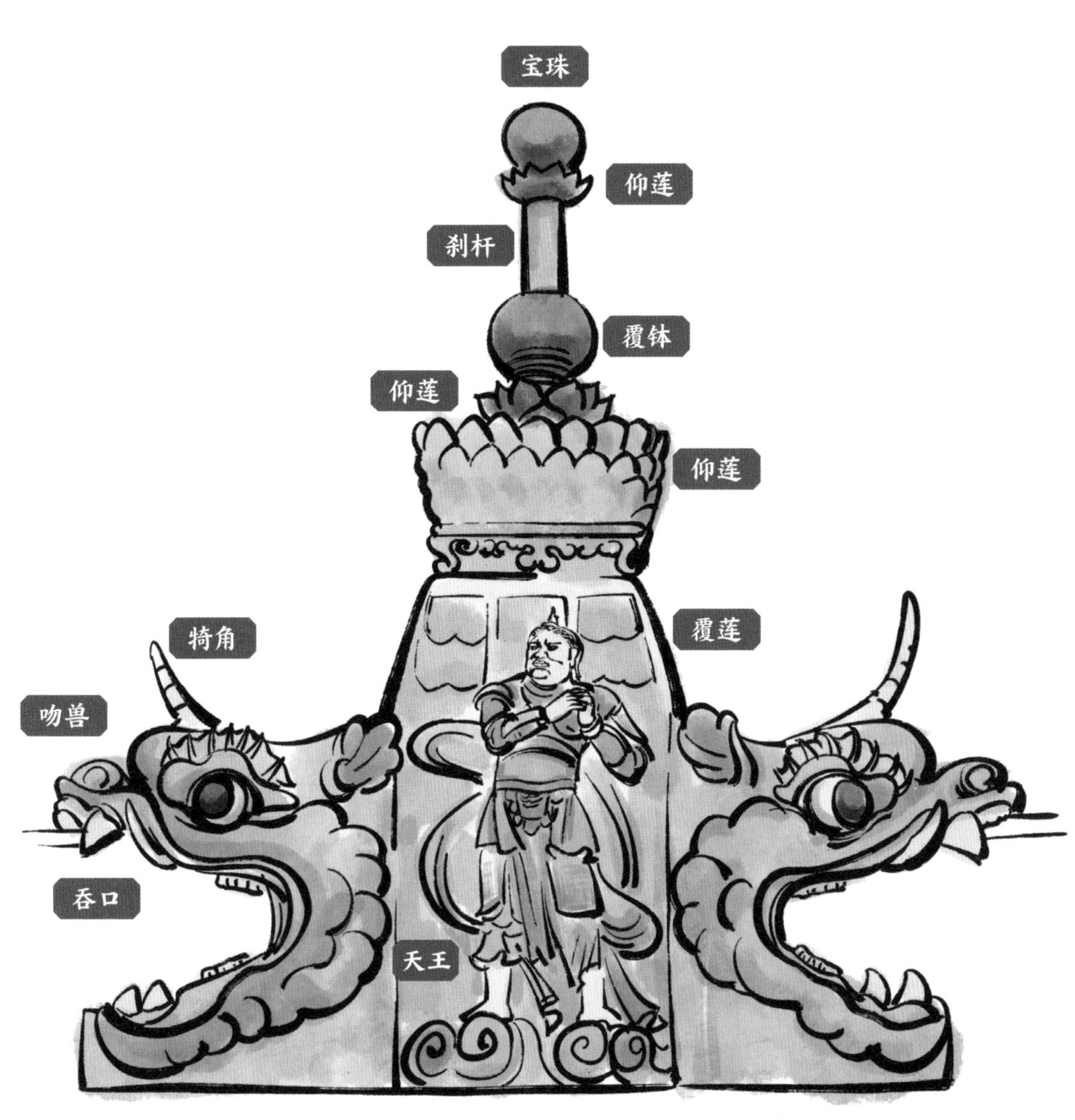

山西朔州崇福寺弥陀殿琉璃脊刹，是现存比较早的脊刹实物

脊刹的吉祥寓意

山西地区的古建筑琉璃脊刹十分精美，艺术性最高，具体形象多为青狮、白象驮摩尼宝珠，青狮是文殊菩萨的坐骑，白象是普贤菩萨的坐骑，狮谐音“事”，象谐音“祥”，也寓意“事事平安”和“吉祥平安”。

有的建筑的正脊脊刹中间为天宫楼阁，楼阁内部通常有吉星的牌位，供奉紫微、文昌、北辰、玉皇等吉星，象征“吉星高照”，所以这种天宫楼阁也叫吉星楼；也有楼阁供奉的是姜太公的神位，故称太公楼，民间有“姜太公在此，诸神退位”的说法。

有的建筑的正脊脊刹为宝瓶葫芦，葫芦谐音“福禄”，瓶谐音“平”，寓意平安。同时葫芦是汉代仙人所携之物，属神仙宝物，悬壶（葫）济世。道教建筑常用葫芦形脊刹。

脊刹顶部插的金属造型物是唐宋时代“拒鹊”演变而来的，多为金属制的三叉戟形。三叉戟，又称三头戟，佛教法器之一，表降伏贪、嗔、痴三毒烦恼。但在民间，戟谐音“级”，寓意“连升三级”。有的地方在瓶子里插三支戟，瓶谐音“平”，寓意“平升三级”，官运亨通。

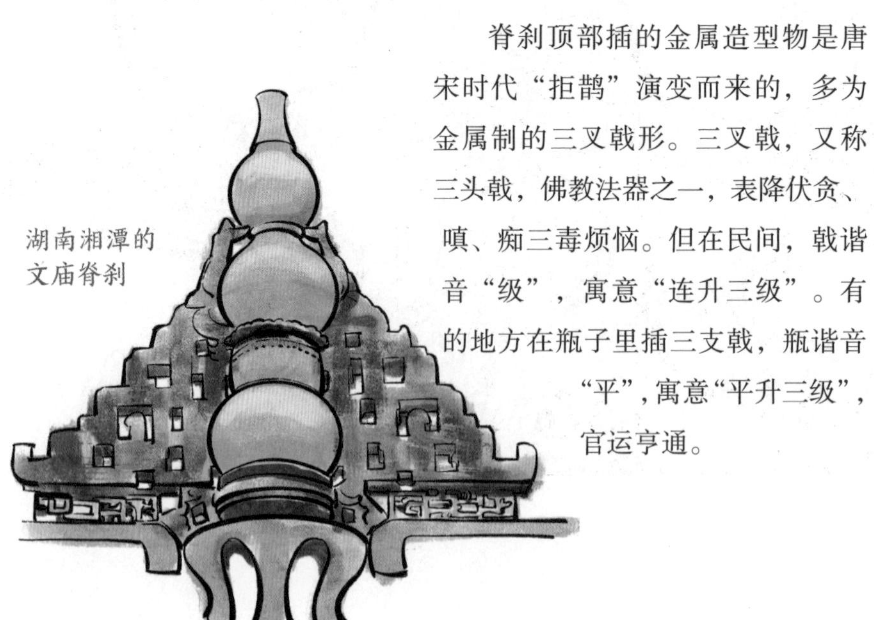

湖南湘潭的文庙脊刹

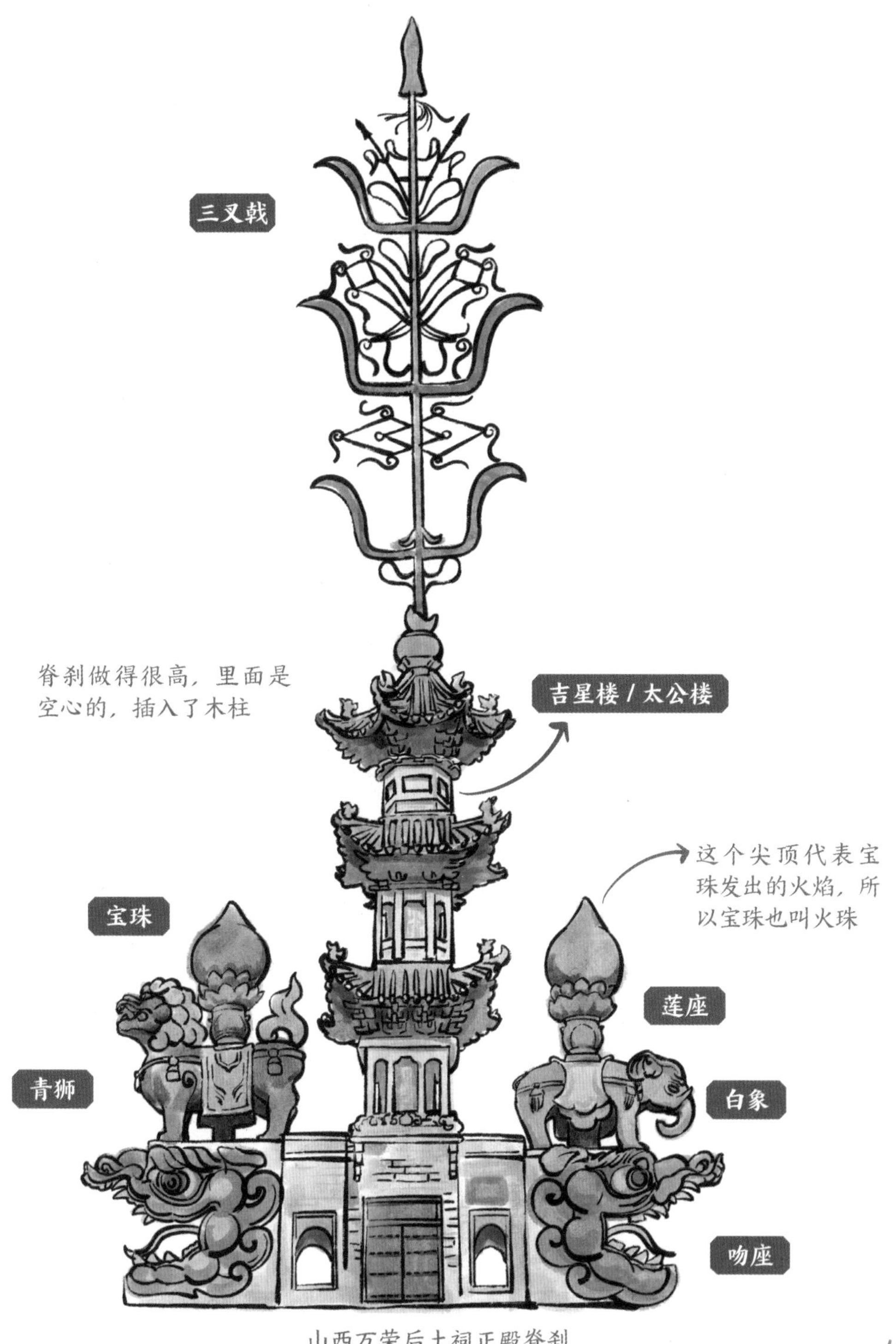

山西万荣后土祠正殿脊刹

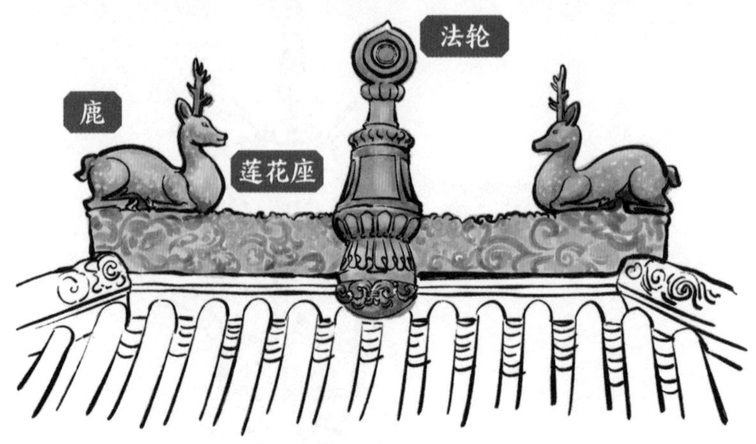

河北承德须弥福寿之庙脊刹
双鹿法轮，象征释迦牟尼佛在鹿野苑说法，中间为圆形法轮

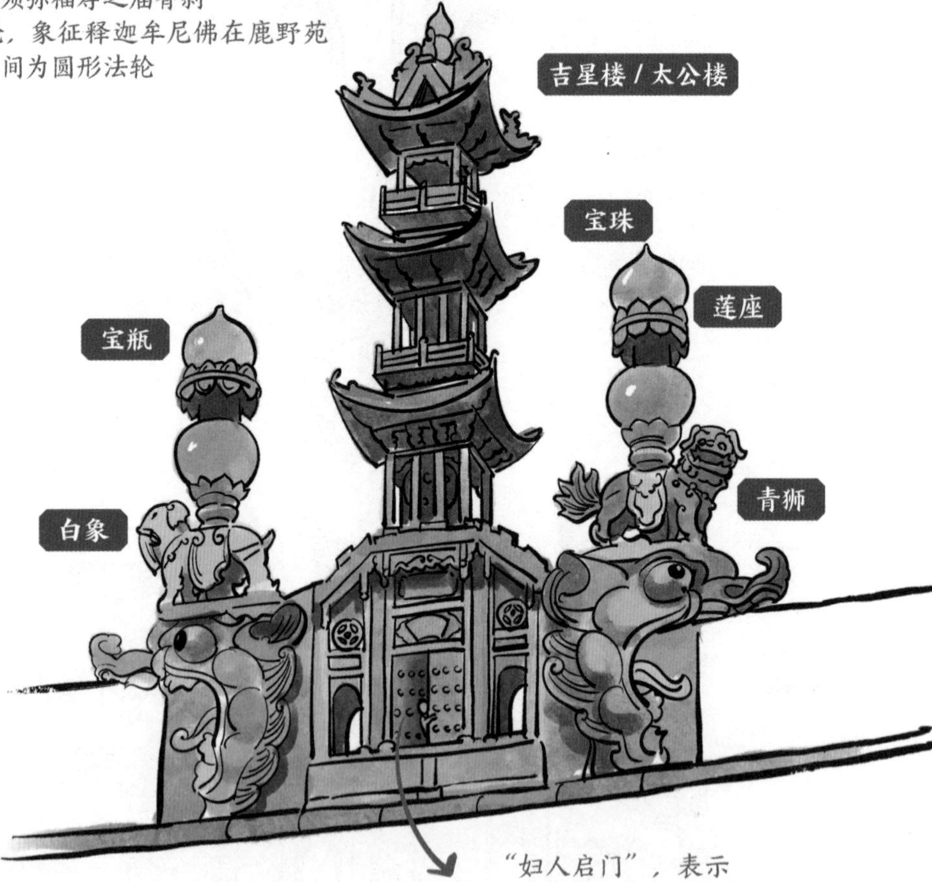

吉星楼 / 太公楼

宝珠

莲座

宝瓶

白象

青狮

“妇人启门”，表示引人入仙界

山西运城万荣东岳庙正殿的脊刹

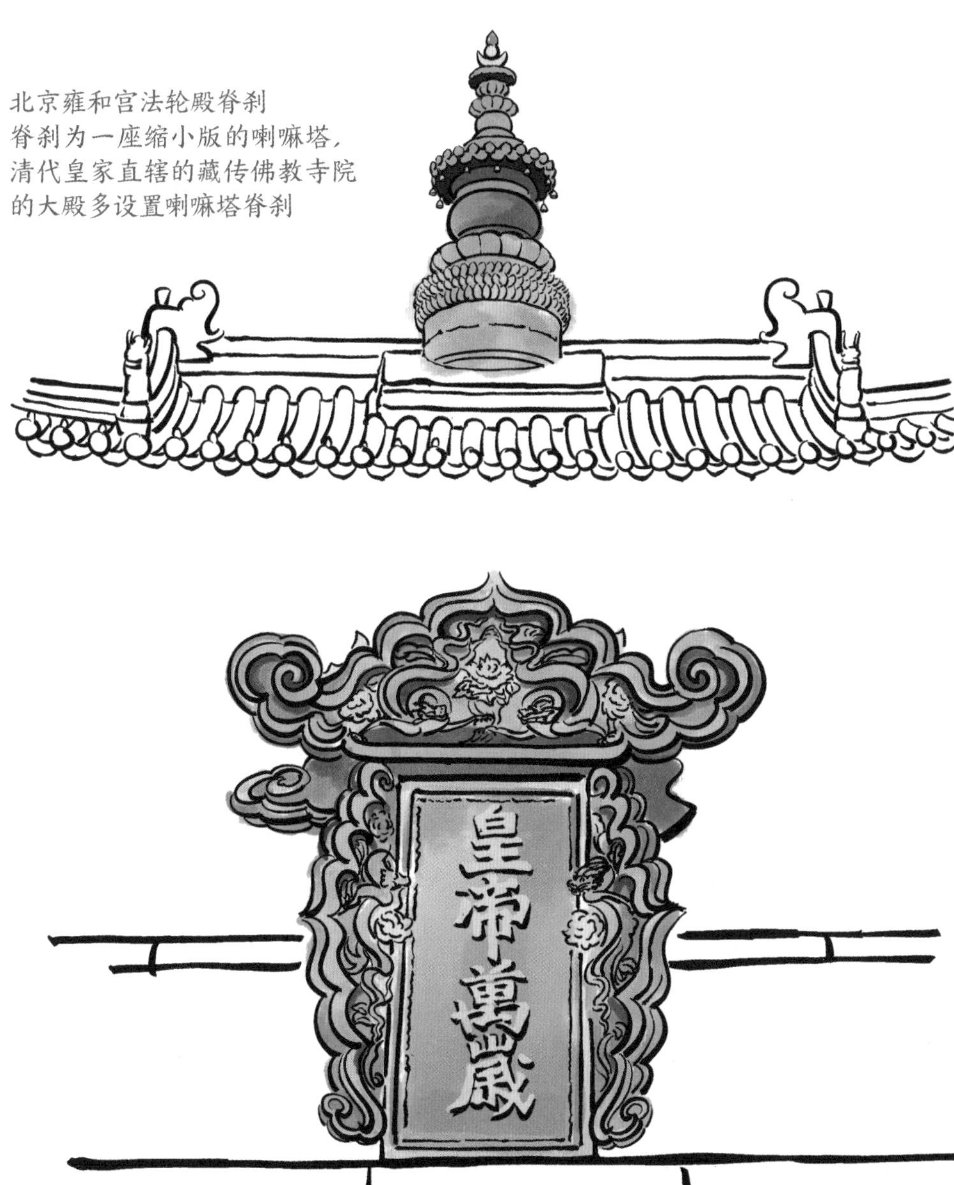

北京雍和宫法轮殿脊刹
脊刹为一座缩小版的喇嘛塔，
清代皇家直辖的藏传佛教寺院
的大殿多设置喇嘛塔脊刹

山西临汾广胜寺弥陀殿正脊脊刹，匾额上书“皇帝万岁”
四个字，古代大型寺院多有为皇帝和国家祈福的作用

第七章

三天不打，上房揭瓦

中国是世界上最早发明并使用瓦的地方

甘肃平凉灵台县桥村遗址出土了龙山文化（公元前 2600 年至前 2200 年）早期的槽型板瓦、筒瓦碎片，证明了中国在 4000 多年前就已经可以建造全覆瓦的建筑了。而陕西西安马腾空遗址出土了距今 5000 多年前的仰韶文化（公元前 5000 年至前 3000 年）晚期的与筒瓦形制相近的器物，是我国目前发现时代最早的筒瓦类器物。瓦解决了屋顶防雨水的问题，使我国古代建筑摆脱了“茅茨（cí）土阶”的简陋状态。在建筑史上，瓦是我们祖先了不起的发明。

屋顶的瓦是怎么做到防水的？屋顶铺设的瓦是弧形的陶片，一般有板瓦和筒瓦两种。板瓦比较宽大、弧度小，仰面向上，一块压着一块。筒瓦弧度大，刚好覆盖住两组板瓦之间的空隙，筒瓦上的雨水流向板瓦形成的沟，顺流而下。民居只能用板瓦，一仰一覆组合，称蝴蝶瓦或仰合瓦。

最边缘的那块筒瓦和板瓦之间会增加一个向下遮挡的构件，筒瓦端部会多一个半圆形或圆形的瓦，叫瓦当，用来挡住雨水，保护檐头不受雨水侵蚀，这块瓦明清时期称“勾头”，宋代叫“华头筒瓦”。最前端的板瓦下面会多出个三角形的构件，以便于雨水流下，清代称“滴水”。

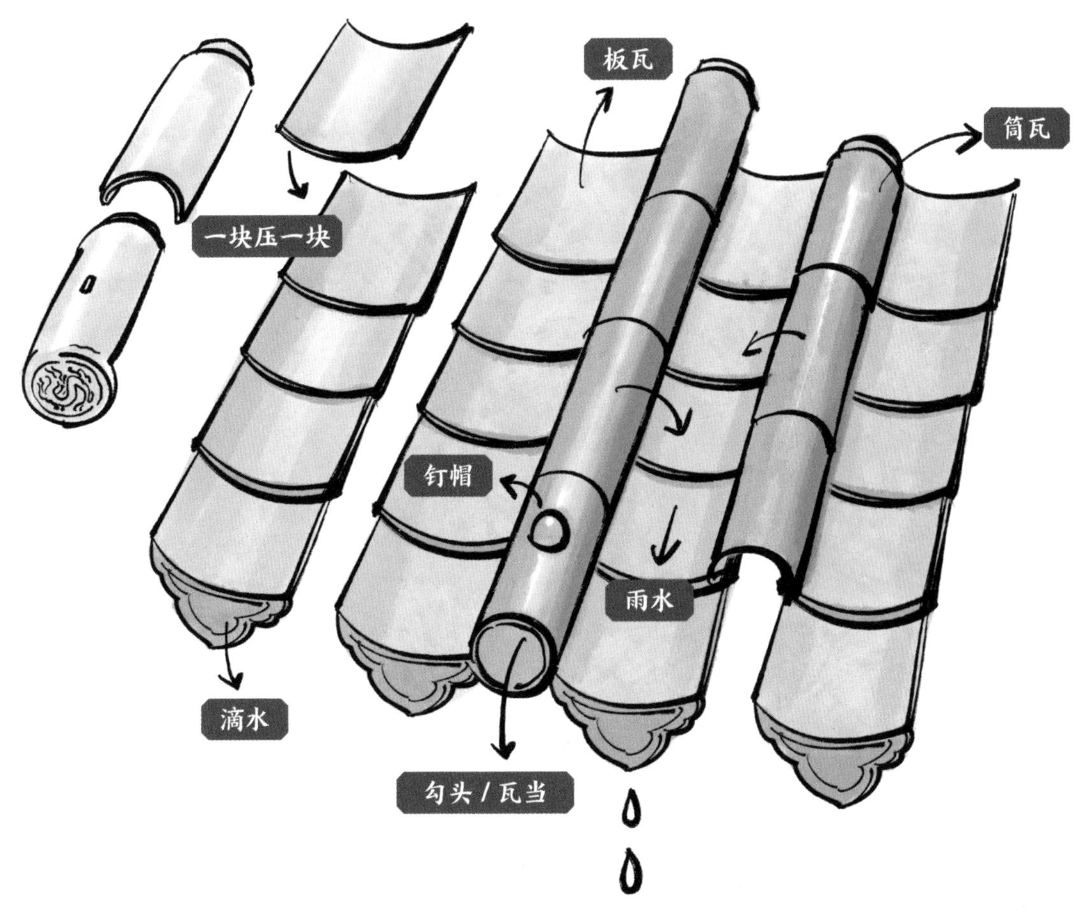

“滴水”一词至清代才开始广泛使用，三角形垂尖花边滴水瓦直到元代才广泛采用

早期瓦当是高古的艺术

除了实用功能，瓦当还有装饰功能，有半圆形、圆形和大半圆形三种。西周的瓦当是半圆形的，春秋战国时期的瓦当也以半圆形的为主，但已出现了圆形的。秦汉时期，圆形瓦当占据主流，半圆形瓦当逐渐被淘汰，到东汉时近于绝迹。

大半圆形瓦当出现于秦代。秦始皇陵北 2 号建筑基址出土了一件直径为 61 厘米，高 48 厘米的夔（kuí）纹大半圆形瓦当。这件瓦当当面图案由两条造型奇异的夔纹组成，两夔左右对称，气韵生动，具有很高的艺术价值，因个头最大，被文物界誉为“瓦当王”。

战国时期、秦代、汉代，是瓦当在使用的广泛性与艺术性方面的三个辉煌时期。汉代流行文字瓦当和“四神”瓦当。

战国时期燕国的半圆形兽面瓦当，河北保定易县燕下都遗址出土

秦代夔纹大瓦当，这件瓦当体量巨大，当面直径 52 厘米，出土于辽宁葫芦岛绥中姜女石建筑遗址，现藏于辽宁省文物考古研究院。考古学家认定这正是秦始皇当年东巡的行宫“碣石宫”的瓦当，是中国迄今为止发现的最大瓦当之一

这是汉代的"四灵"或"四神"瓦当，人们把天空四方的星象连接起来，形成东方青龙、南方朱雀、西方白虎、北方玄武，作为方位或地域概念。汉代常按照星象对应的方位将"四神"瓦当铺设在屋顶的四个面。"四神"瓦当既代表东、西、南、北四个方位，又有驱邪除恶、镇宅、吉祥的含义

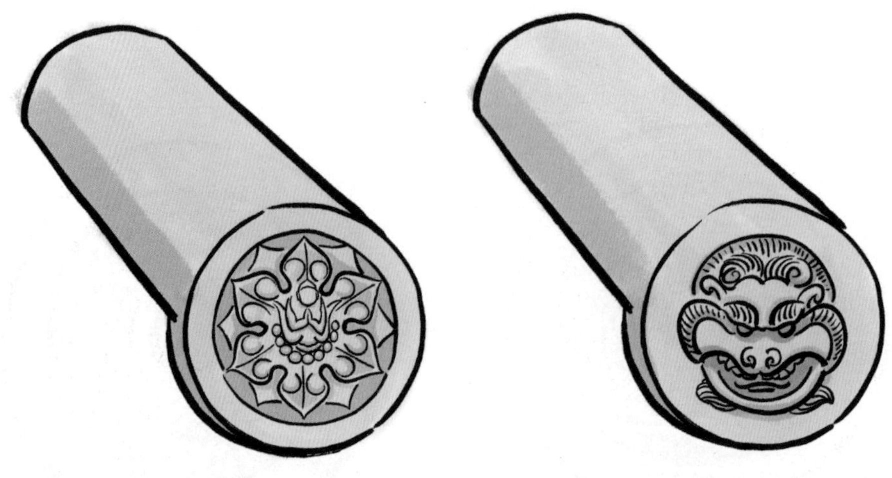

北魏时期的瓦当，图案多为莲花、莲花化生童子，大同市博物馆藏

唐代瓦当，图案多为兽面、莲花，山西博物院藏

瓦当为何越变越小？

东汉以后，瓦当越变越小，瓦当的艺术光芒逐渐黯淡下去。随着建筑技术的不断提高，瓦当已不像战国、秦汉时期那样直接扣于椽头，保护椽子。瓦当被椽子上横置的瓦口木架高而脱离椽子，瓦制作得更小，也便于工匠施工。瓦当面积变小之后，可用于做图案艺术的空间也变小了。随着佛教传入，文字瓦当的数量骤减，各种图案瓦当也渐渐退出历史舞台，代之以莲花纹、兽面纹（狮子的变体）瓦当。瓦当艺术越来越单一，明清时期的宫殿瓦当几乎以龙凤“统一天下”。

北魏永宁寺的兽面纹瓦当

江苏南京明故宫遗址出土的明代黄釉琉璃龙纹瓦当，南京博物院藏

瓦钉的作用

古建筑是使用钉子的，尤其是在瓦上！瓦当位于屋面最前端，容易滑落，往往需要用钉子固定。早期的瓦钉多为陶制的，造型多样，战国时期的瓦钉造型非常特别。明清时期多用铁钉，让钉子穿过瓦顶扎入下面的木椽子里，但钉头需要避雨，人们又增加了钉帽盖住钉头。明清时期的钉帽就比较简单、实用，一般无装饰。

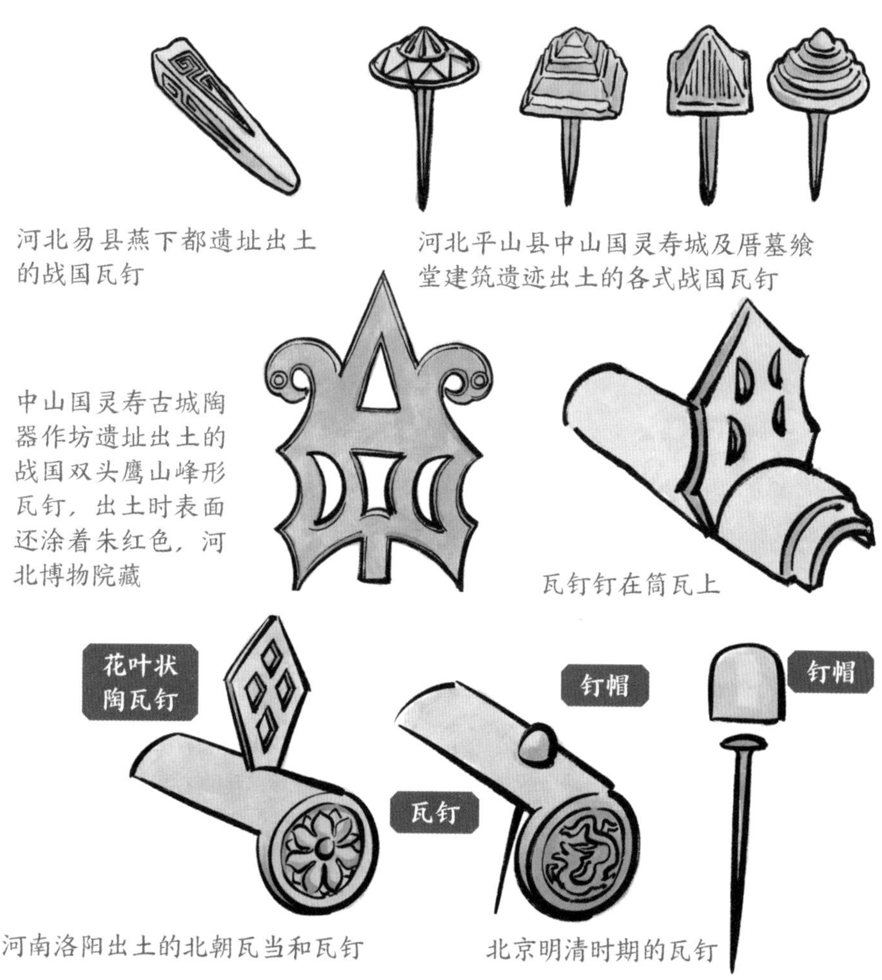

河北易县燕下都遗址出土的战国瓦钉

河北平山县中山国灵寿城及厝墓飨堂建筑遗迹出土的各式战国瓦钉

中山国灵寿古城陶器作坊遗址出土的战国双头鹰山峰形瓦钉，出土时表面还涂着朱红色，河北博物院藏

瓦钉钉在筒瓦上

河南洛阳出土的北朝瓦当和瓦钉

北京明清时期的瓦钉

从兽面瓦到垂兽

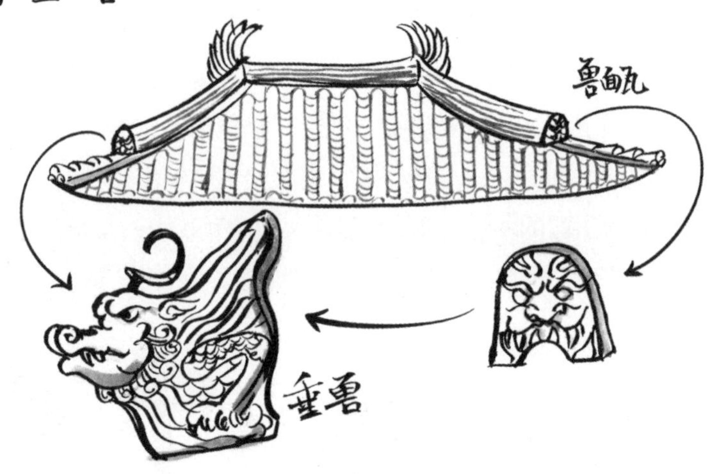

日本的“鬼瓦”源于中国

在日本常见的垂脊端头有一块“鬼瓦”，这种建筑构件中国也有吗?

当然有，这种瓦是中国古建筑中的早期样式，流行于南北朝到唐代，随着中国的古建筑构件不断发展，逐渐被更立体、更丰富多彩的兽面瓦替代。如今我们要看兽面瓦，只能去博物馆。

现在看到的古建筑上的垂兽、戗兽并不是一开始就存在的。在北朝到隋唐时期，垂脊下端和角脊上放的是一块平的瓦，叫砖也许更合适，挡住叠瓦的收束封口部位。这块瓦通常做成浮雕的神兽，有的有犄角，多半是从狮子演变而来的。这块瓦的功能多样，有防止脊瓦滑落、挡雨的实际作用，也有美化效果，还有以凶恶、狰狞的兽头形象来镇宅、消灾和辟邪的作用。这种瓦被称为兽面瓦，日本学去了，一直沿用到现在，叫“鬼瓦”。而中国的兽面瓦随着时代更迭发生了变化。

瓦当

扣在兽面瓦上

河北邯郸邺城遗址出土的东魏北齐时期的兽面瓦

在脊的端部，兽面瓦挡住脊头，一块瓦当压在兽面瓦上，北朝时期的瓦当多是莲花纹的。这种做法也是唐代的典型做法

日本的“鬼瓦”源于中国，同样是兽面，中国的与日本的气质很不同，中国的兽面虽然凶猛但还透着一股可爱之感，日本的则有一种鬼魅的感觉。以下是中、日同时代的兽面瓦，大家可以比较一下。

河南洛阳的唐代砖瓦窑址出土的北魏时期的兽面瓦，以灰陶烧制，兽头类似狮子，獠牙露出，怒眼圆睁，头上有犄角，鬃毛列两侧，下面还有两只爪子，四周有北朝、唐代流行的联珠纹

那些很猛又很萌的垂兽和戗兽

历代垂兽和戗兽的演变，基本都是由简单到复杂，由平面到立体，由灰陶到琉璃，由灰色到多色，由兽头到各种动物。从晚唐开始，兽面瓦逐渐立体化，向兽头发展，逐渐丰富多彩。

山西晋城定林寺雷音殿的金代琉璃麒麟垂兽

河南洛阳东城遗址出土的脊饰，中国考古博物馆藏

山西朔州崇福寺弥陀殿的金代垂兽

山西芮城永乐宫三清殿的元代垂兽

山西晋城府城玉皇庙的明代
琉璃行龙垂兽

在明代，垂兽和戗兽发生了很大的变化，民间寺庙的样式更丰富，脱离了官式的标准样式，有行龙、麒麟、凤凰、青狮、仙人骑龙、仙人骑狮等样式。

山西洪洞广胜寺地藏殿的
明代琉璃仙人骑龙垂兽

你们很猛，
但我很萌。

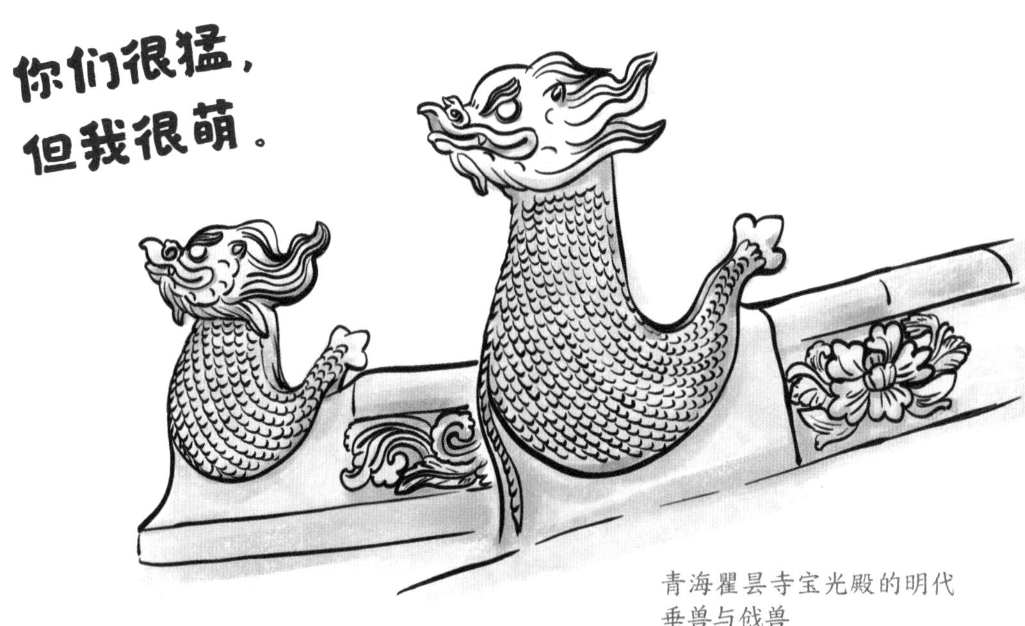

青海瞿昙寺宝光殿的明代
垂兽与戗兽

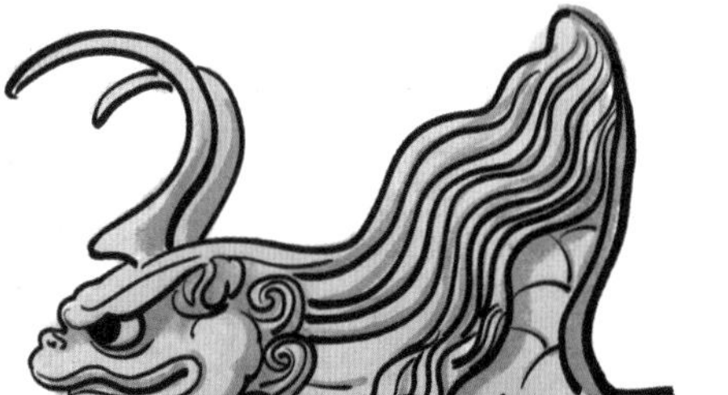

山西五台佛光寺东大殿的明代垂兽

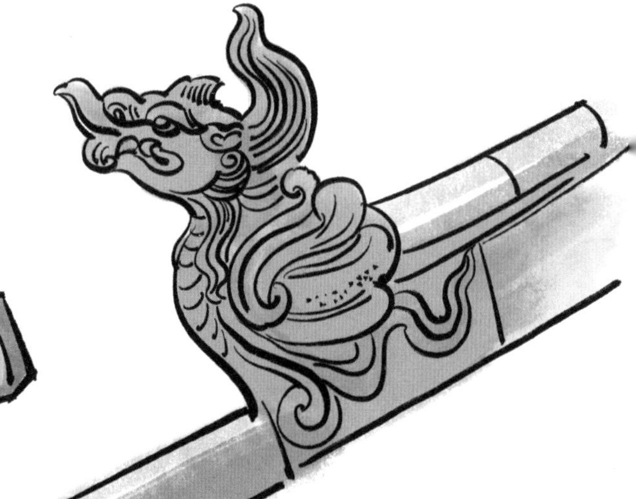

山西太原窦大夫祠正殿的明代垂兽

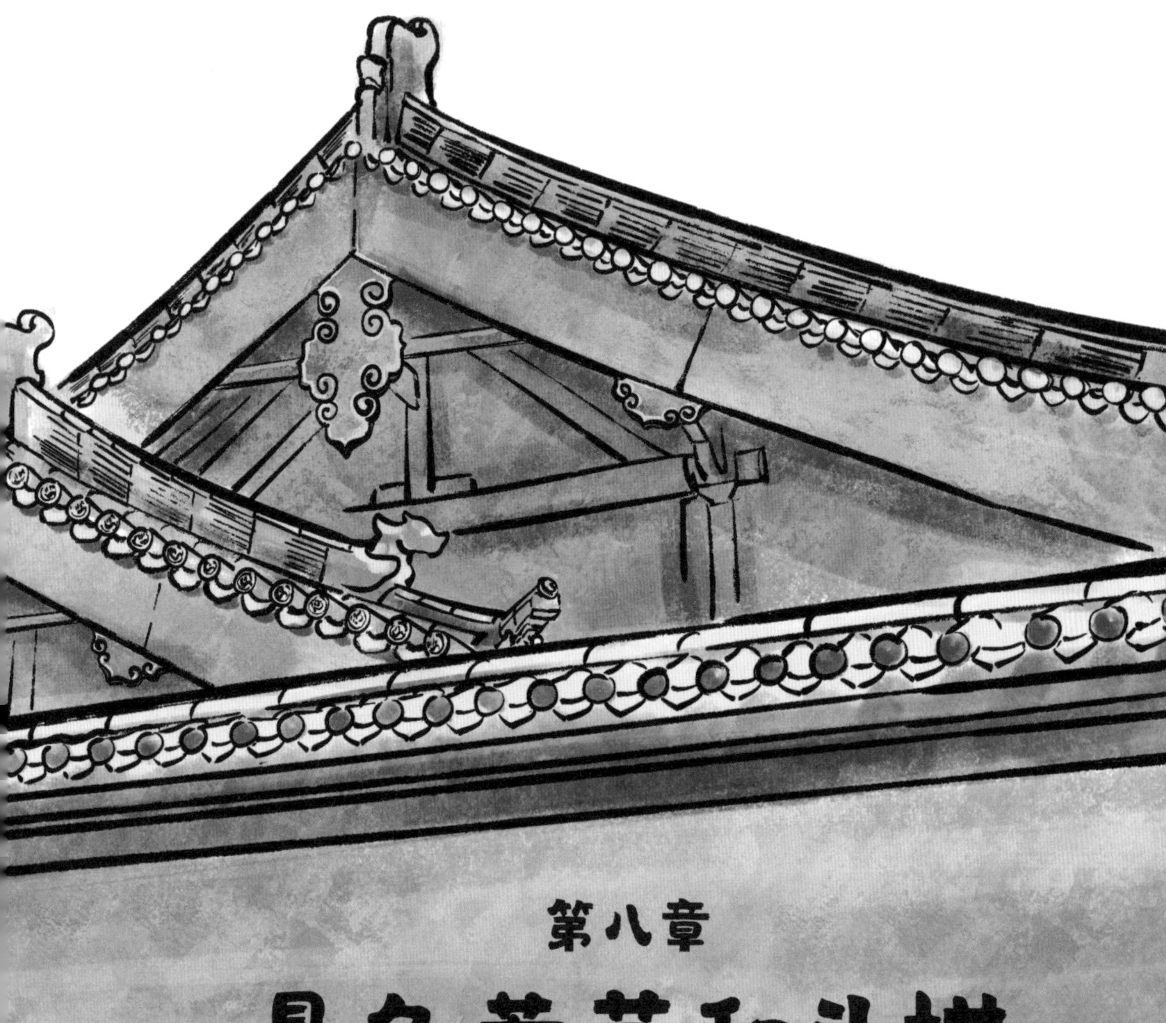

第八章

悬鱼惹草和斗栱是什么？

为什么要用悬鱼惹草？

悬鱼太守的故事

东汉有一名大臣叫羊续，非常廉洁。在他任南阳郡太守时，他的属下，一位府丞给他送来当地有名的特产——白河鲤鱼。羊续推却再三，但这位府丞执意要太守收下。当这位府丞走后，羊续将这条大鲤鱼挂在庭院中，风吹日晒，成为鱼干。后来，这位府丞又送来一条更大的白河鲤鱼。羊续把他带到庭院中，指着悬挂的鱼干说："你上次送的鱼还挂着，已成了鱼干，请你一起拿回去吧。"这位府丞甚感羞愧，把鱼取走了。此事传开后，南阳郡百姓无不称赞羊续，敬称其为"悬鱼太守"，也再无人敢给羊续送礼了。

羊续悬鱼的故事十分美好，但古建筑上的悬鱼估计与他无关，而是有实用的功能的。

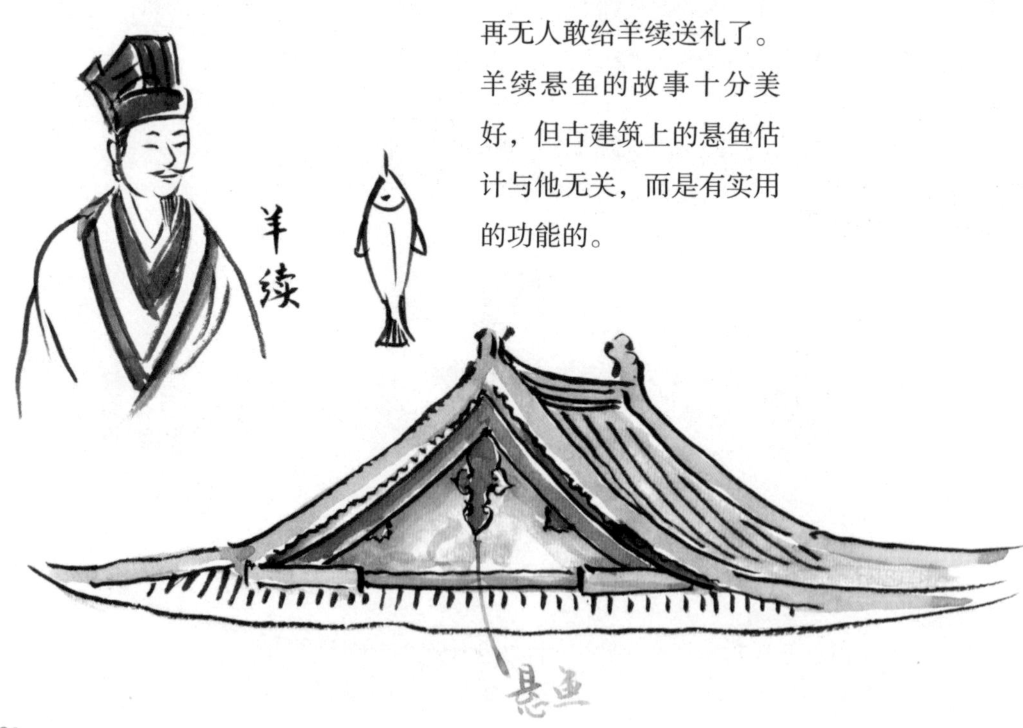

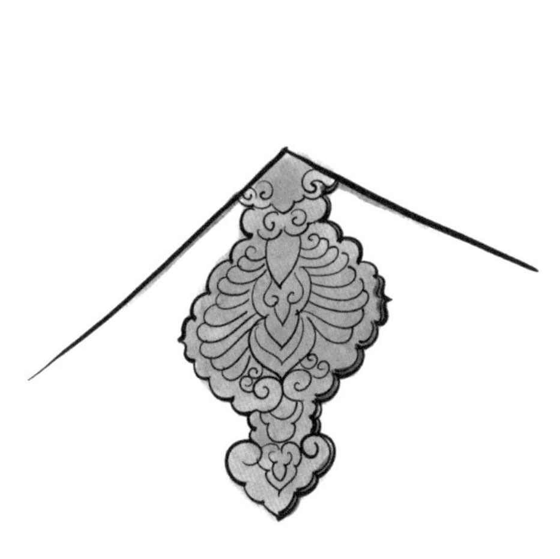

悬鱼板通常雕刻成如意、云纹形式，远看真的有点像悬挂着的鱼

民间建筑经常把悬鱼板雕刻成鱼形的，取“年年有余”的寓意，也因鱼与水的关联而有防火的寓意

山西平顺龙门寺西配殿的悬鱼、惹草

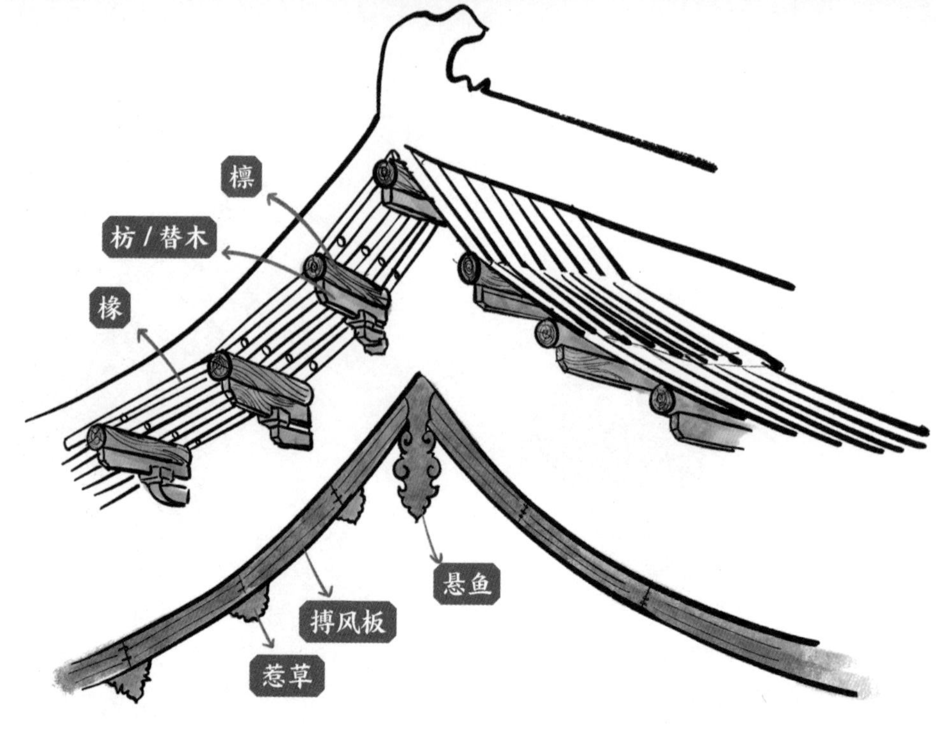

为什么要用悬鱼惹草？

古代木结构建筑是靠梁、柱等承重的，屋顶中用来承托椽子的木构件叫檩，南方叫桁（héng），宋代叫槫（tuán），支出支撑屋檐，但檩容易因淋雨而损坏，所以为了保护檩和枋等，古人制作了一块木板钉在檩头上，以保护檩、枋，这块木板就叫搏风板。但有些搏风板比较窄，挡不住檩下面的枋，但加宽搏风板的话，木材成本会增加，且增加屋檐的重量，所以用比较小的木板钉在檩条两端是比较合理的做法。古人讲究实用性和艺术性合一，搏风板正中间的木板做得比较大，装饰性强，这就是悬鱼（宋代叫垂鱼）；旁边小的切成三角形，并雕刻花草，模仿水草的形态，称惹草。鱼和水草都是水生生物，人们取其防火之意。悬鱼、惹草和搏风板，都是用钉子钉上去的，风吹日晒久了易损坏，就更换一块，所以这些属于“保护膜”，是可以经常更换的。如果没有这些，损坏的就是檩等承重构件了，更换起来可是要拆房的。

各式各样的悬鱼板，图案多体现吉祥、防火的寓意

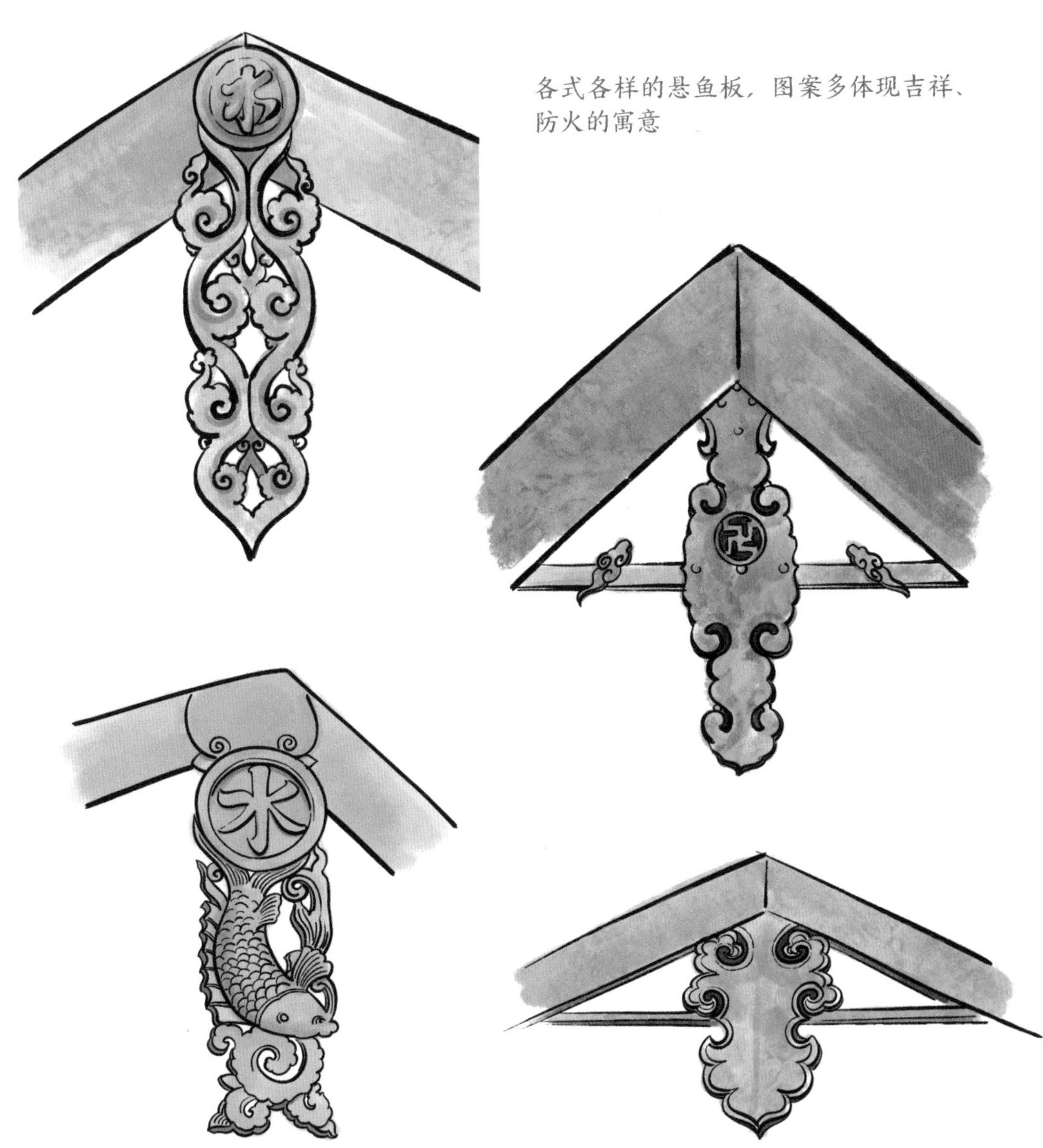

琉璃的悬鱼惹草

悬鱼、惹草属于保护建筑檩、枋的“防护板”，承受日晒雨淋，需要经常更换。到清代，山西地区的琉璃烧造技术成熟且普及，有些寺庙就烧制琉璃砖来做悬鱼、惹草，有些封闭式山花整面都用琉璃烧制，这在古代是极为奢华的。琉璃的悬鱼惹草不仅在色彩、造型上更为丰富，还解决了木板容易腐朽的问题。

山西介休后土庙的琉璃悬鱼、搏风板

山西介休关帝庙大殿的悬鱼

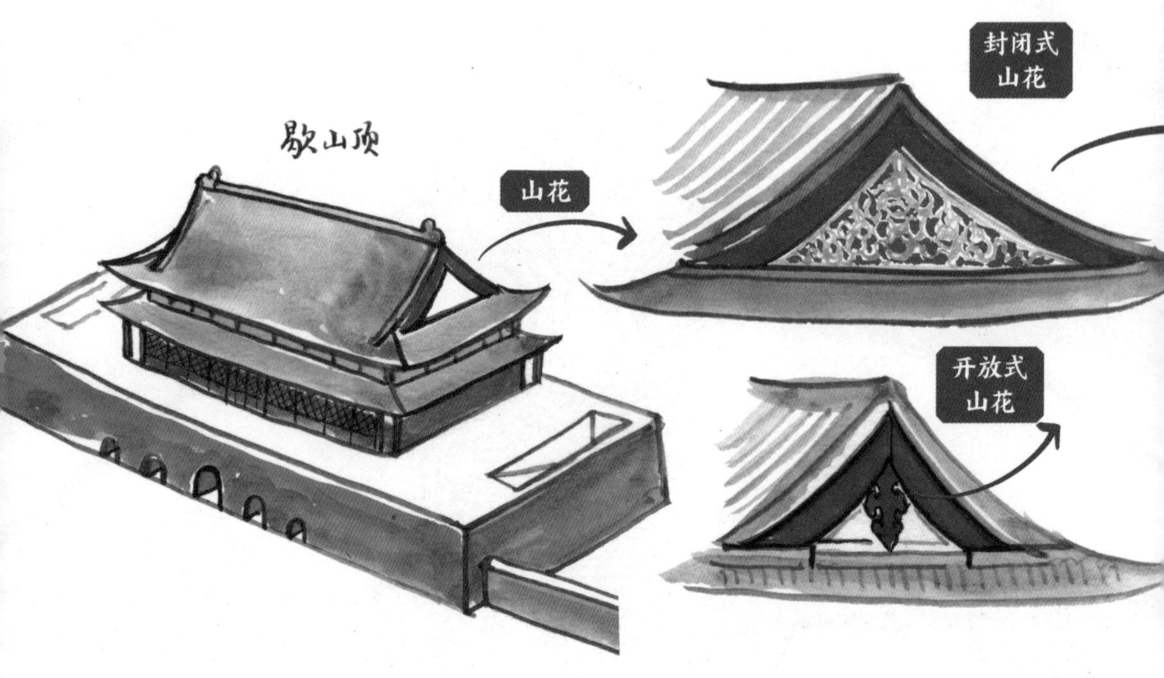

北京几乎见不到悬鱼惹草，是因为北京的明清官式建筑都采用封闭式山花，用一块三角形大木板封住了山花的位置，并且在上面雕刻出绶（shòu）带的图案，多为金钱绶带纹或结带衔环纹等。故宫保和殿有九组结带衔环纹。绶带是古代官员佩戴在衣服上的彩绸带，用于表示身份和地位。

你喜欢山花
上的悬鱼还
是绶带呢?
我喜欢绶带!
我喜欢吃鱼!

山西长治明代玉皇观灵霄宝殿

斗栱是什么？

山西忻州五台县南禅寺大殿

斗栱的诞生

中国的古建筑主要是以木柱子支撑屋顶的，但柱子最初并不是直接顶着屋顶，而是以斗栱连接的。斗栱主要由两种木构件组合而成：其一是斗，梯形垫木叫斗，因外形像古代装米的斗而得名；其二是栱，栱是弧形的木头。斗和栱的组合，可以扩大与梁、枋的接触面积，这好比你要用拳头支撑一个木板会倒，要是五指张开再支撑，木板显然更稳定，何况每个大斗或小斗都是一只手，抓住上面的构件就更稳了。斗与栱的组合叠加，就像五指张开一样，扩大了柱头的接触面积，承托屋顶梁、枋的重力，能把屋檐支出更远。

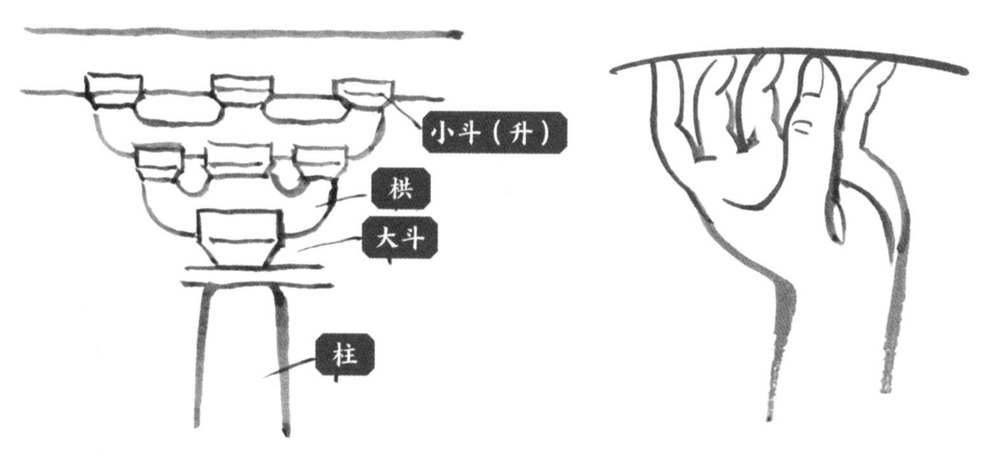

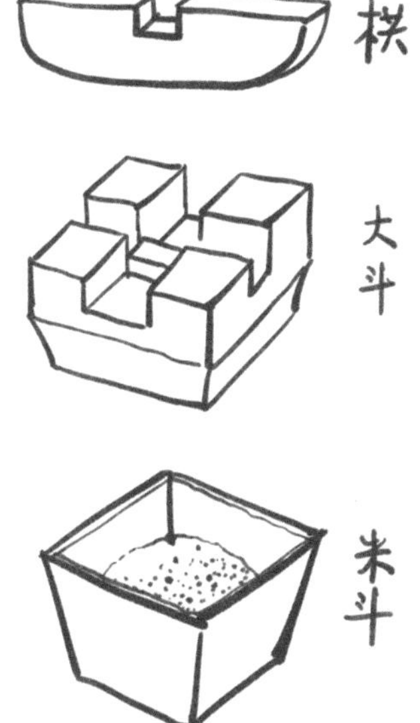

斗栱有啥作用？

斗栱连接柱子与屋檐，通过往前“出跳”，把屋檐支出更远，形成出檐，可做出大屋檐，利于避雨和遮阳。

斗、栱的组合并不用钉子或胶，而是通过榫卯拼合的，它们相互咬合，有利于避震。斗栱不仅是力学构件，也有极好的装饰效果，让屋檐下面更加华丽，因而也逐渐成为建筑等级的标志之一。

巧妙的设计

屋檐与台基的位置如果设计得恰到好处，雨水从屋檐落下，就会刚好滴落到砖石砌筑的台基外的石头或砖上，这一保护层叫散水，这样的设计可保护台基和檐柱等。

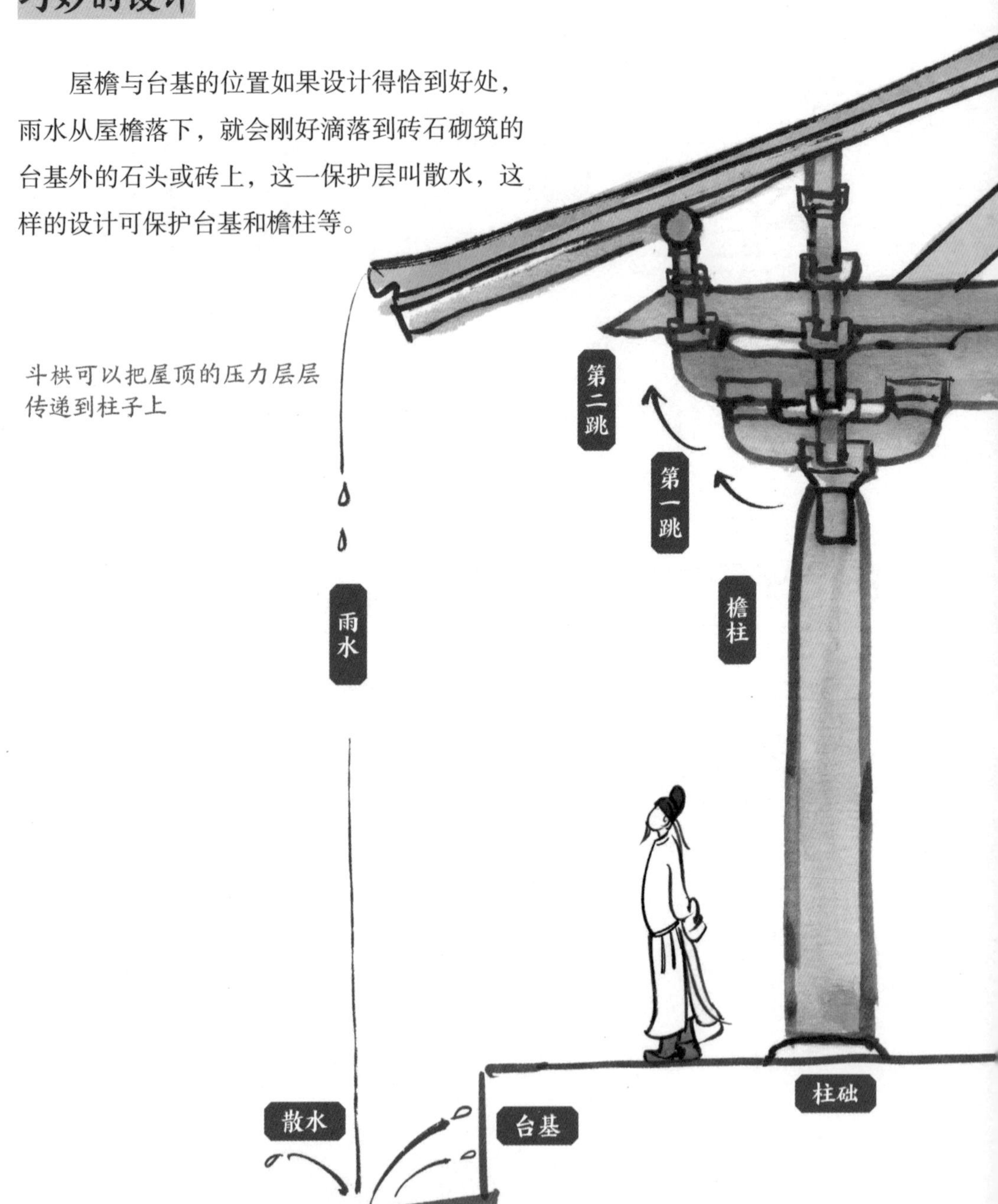

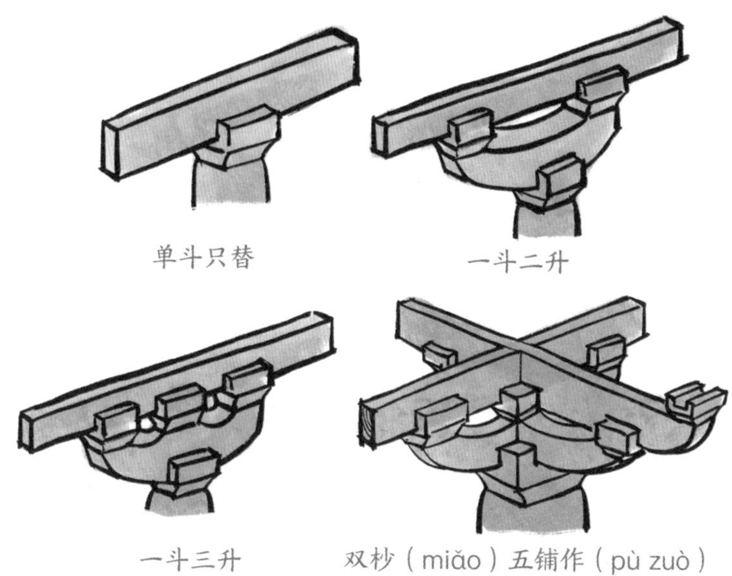

斗栱自下而上是由简单到复杂，由一个大斗到多个小斗，像手一样抓住上面的构件，与梁、枋的接触面积更大，把梁、枋“抓”得更牢固。

中国最大的斗栱是哪个？

唐代是斗栱发展的成熟期，斗栱达到了力学和美学的平衡。

中国古建筑的建材有一定的标准和“型号”，以下是山西五台唐代佛光寺东大殿的柱头斗栱，是目前发现的用材最大的斗栱，单材的断面尺寸是 20.5 厘米 ×30 厘米，比宋代《营造法式》规定的最大号的“一等材”还要大。

佛光寺东大殿的柱头斗栱采用了“双杪双下昂”七铺作。“铺作”是宋代对斗栱层的命名，如今我们常用宋代对建筑的命名称呼明代以前的建筑，用清代对建筑的命名称呼明清建筑。

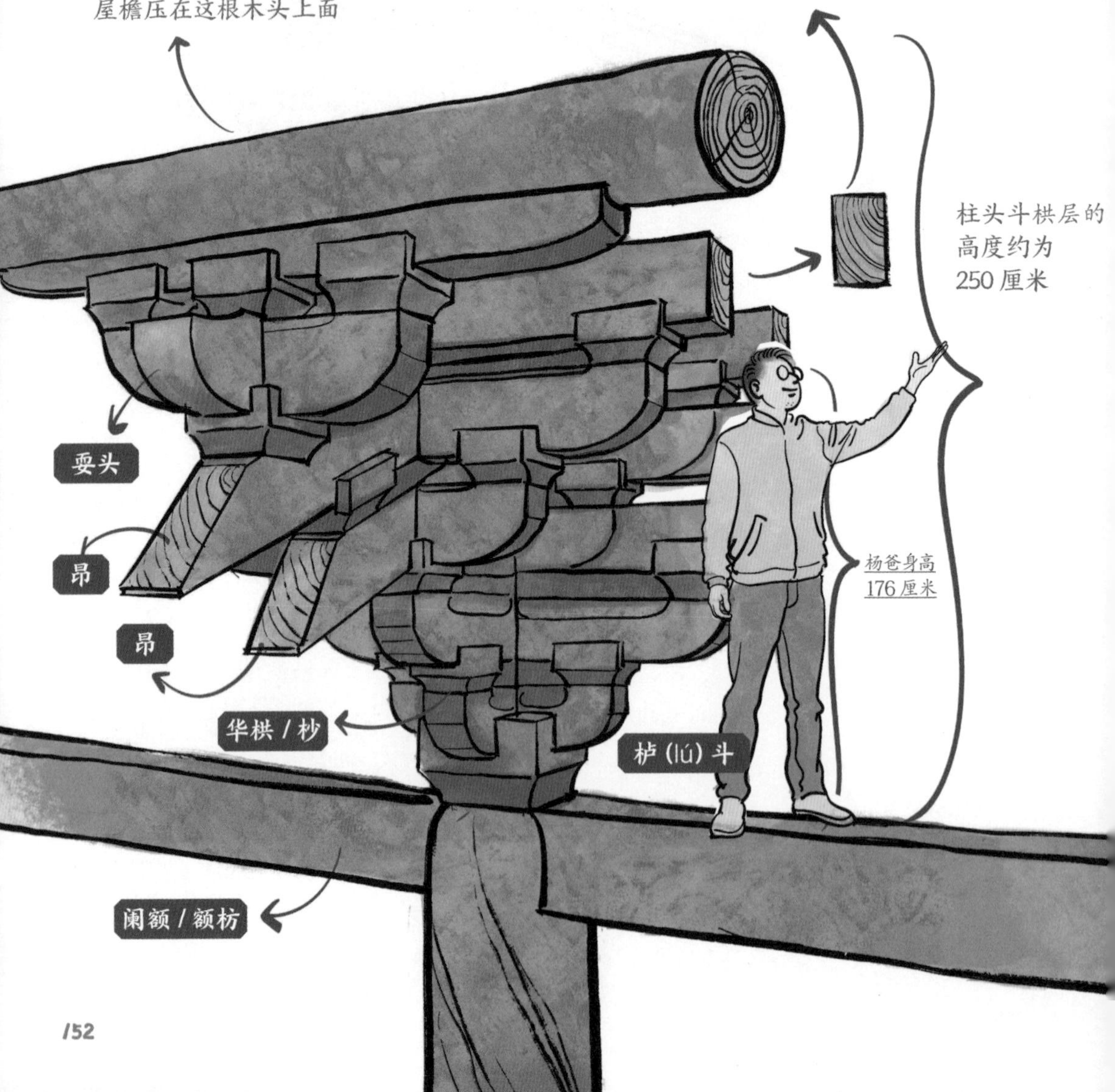

唐

佛光寺东大殿的出檐约400厘米，出檐深远，转角出檐近500厘米

批竹式真昂
昂头为斜面，就像用刀斜劈竹子一样干脆，无任何装饰，这是唐代和北宋早期的做法

站在唐代建筑佛光寺东大殿的转角铺作下，大家可以感受下它带来的震撼，斗栱是柱子高度的一半，显得格外雄壮。佛光寺东大殿建于唐大中十一年（857年），是现存最高等级的唐代木结构建筑。

杨爸身高176厘米，
佛光寺东大殿的角柱高约500厘米

感受一下唐、宋建筑给人的直观感受。

山西太原晋祠的圣母殿，建于北宋天圣年间（1023 年—1032 年），崇宁元年（1102 年）重修，是宋代建筑的代表作。

这是北京故宫中和殿的一角，中和殿重建于明天启七年（1627 年），斗栱已经变得小且密集。大家可以对比一下，自唐至明的木结构建筑的变化。（图中人与建筑的高度基本是等比例缩小的。）

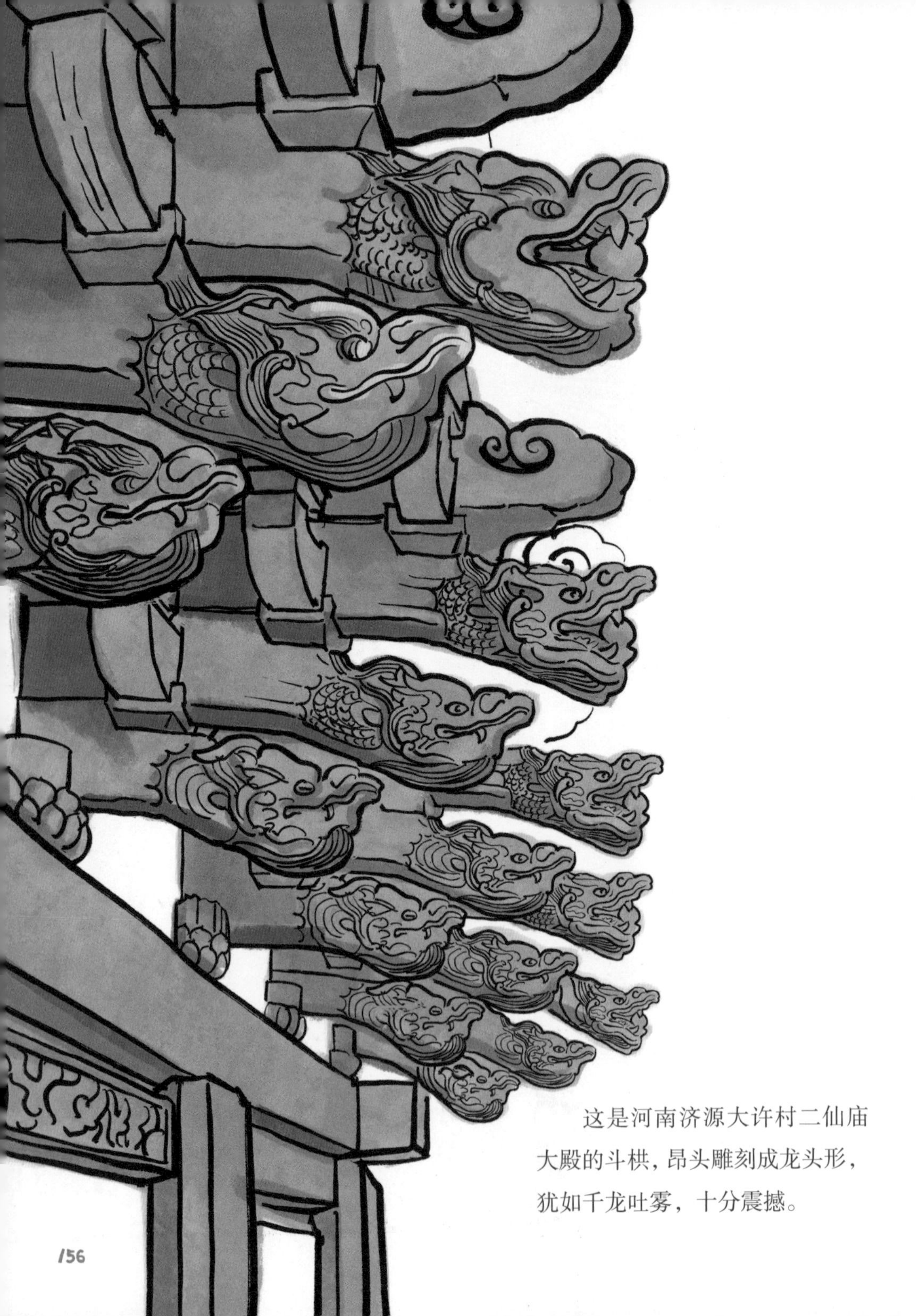

这是河南济源大许村二仙庙大殿的斗栱，昂头雕刻成龙头形，犹如千龙吐雾，十分震撼。

斗栱如花一般盛开

明清时期，斗栱的用材虽然越来越小，力学作用也越来越小，但装饰作用却大大增强，木工技术炉火纯青，甚至“随心所欲”。在民间祠庙建筑上，斗栱不仅层数极多，雕刻也极尽华美，在屋檐下像一朵朵盛开的花。

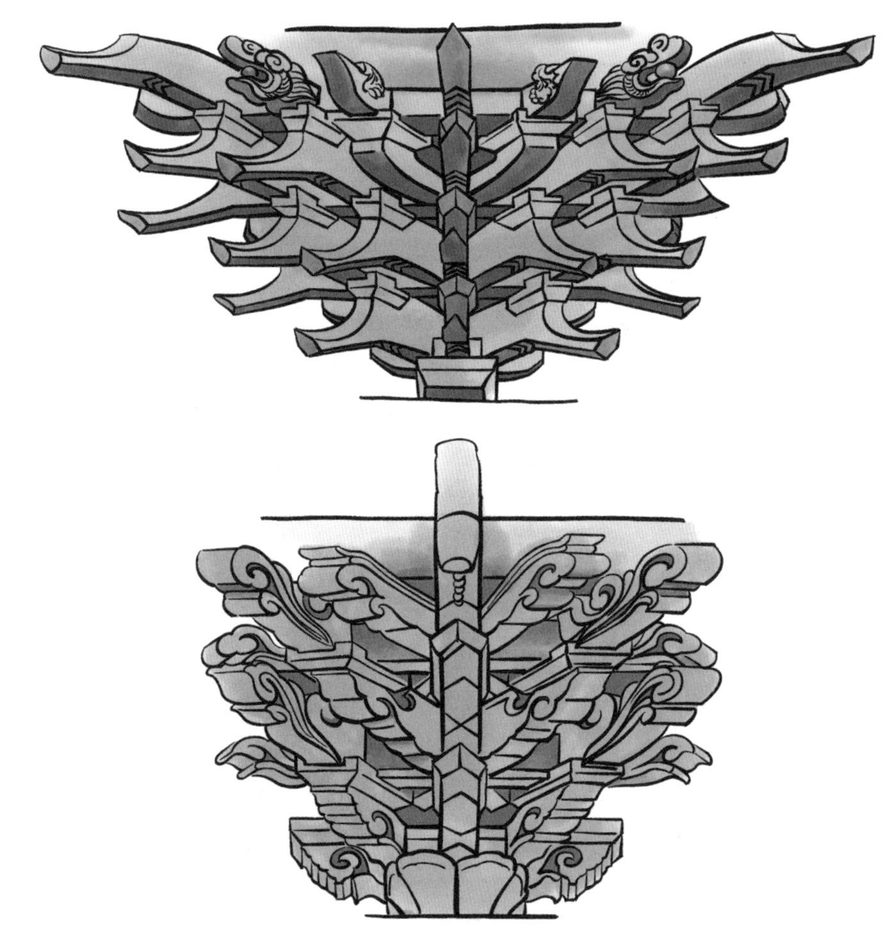

我们也是一组斗栱!

为什么屋檐下有很多“尖牙”？

“尖牙”就叫“昂”，昂着头的昂。

斗栱虽然很好，但是会把屋檐越托越高，可是屋檐却是往下的。

后来古人发明了一根斜杠，下端可以托住屋檐下部分，上端可以托住梁，形成杠杆结构，屋檐可以支出更远，却不用担心屋檐抬高。这个斜杠就叫昂，昂的下端一般削成尖的，有的建筑有好几个昂，远看像很多尖牙。

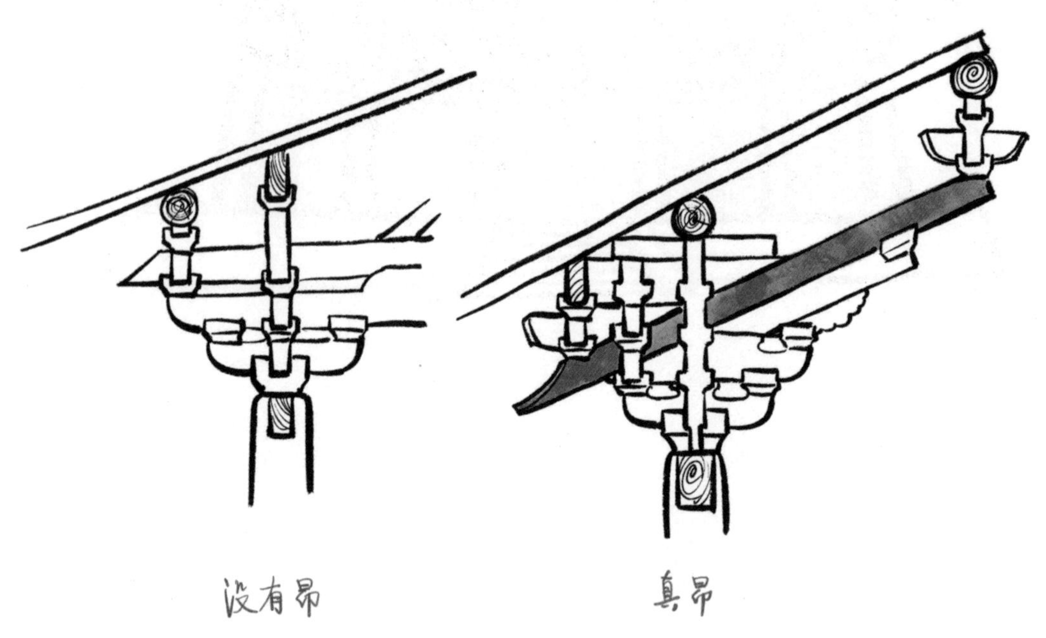

这个“昂”是真昂，是一根斜杆，有杠杆作用

就像汽车改装常装假的排气管一样，古建筑用假昂既好看又显档次。

唐代就出现了并不倾斜的昂，人们已经习惯了“尖牙”的华丽效果，于是把栱的一端也削成尖的，长度不够的接也要接一个尖头，做出昂的样子，这就是“假昂”。

真昂有十分明确的结构功能。假昂只有前面的昂头，没有昂尾，也没有杠杆作用。但作为一种“高级”的建筑配置，昂的特征一直保留在斗栱中，直到清代。

明清时期更为流行的一种做法，是将昂与华栱（翘）连为一体，把华栱的梢头做成昂的样子，此时虽称之为“昂”，其实已是徒有其名，而无其实了。元代以后的古建筑几乎没有真昂了。

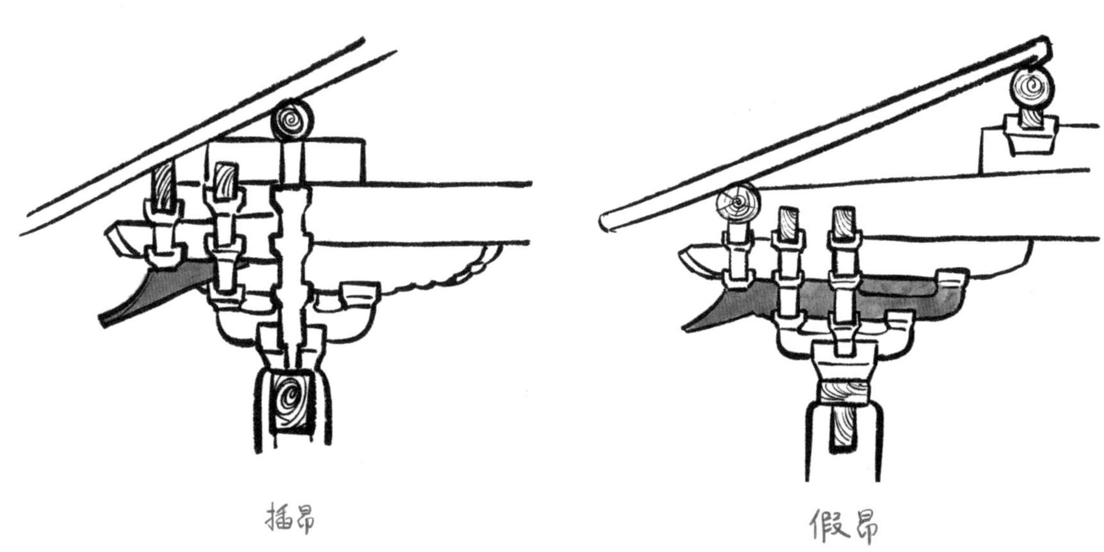

这个“昂”只是华栱的一端被延长、削尖了而已，并没有杠杆作用

明代藻井，北京古代建筑博物馆

第九章

无比精美的藻井

藻井是高等级的特殊“天花板”

在中国古建筑中，天花板上呈穹窿状的装置被称作“藻井”，这个名称最早见于汉代《西京赋》中的“交木如井、画以藻纹”，木头相交成井形，再画上水藻纹饰，即藻井。也有人说藻井是二十八宿（xiù）中“东井”的象征。古人认为“东井”是主水的，宋人也称藻井为“覆海”。井、藻、东井、海，这些都跟水有关，是因为中国的古建筑以木结构为主，古人希望借藻井压服火魔，护祐建筑的安全。

古代的水井，井口用木头相交成方形，成为一个围栏。这也是“井”字的由来

实际上，藻井是一种高等级的建筑装饰，只用在帝王、神仙、佛、菩萨等的头顶上，以增添神仙、帝王等的尊贵感，而且藻井也象征天穹，更为神仙等增加了神圣感。

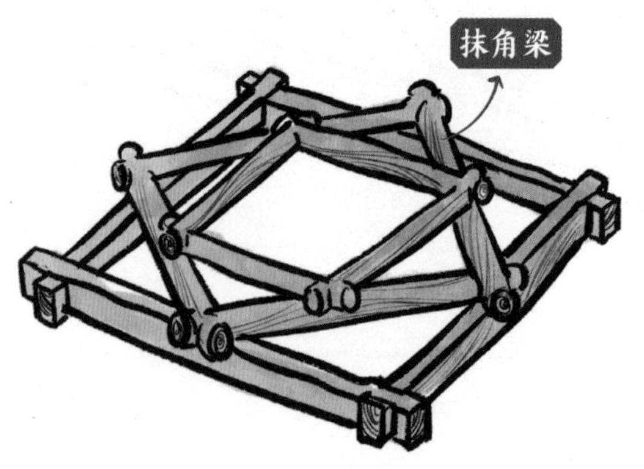

古人用相对较短的木梁相交，旋转45度再叠加，这种木梁后来叫抹角梁。这种形式，像很多“井”字叠加，一层层缩小，这可能是“藻井”的名称和形式的由来。为了防腐和美观，古人还会在藻井上进行彩绘，绘制的图案是藻纹，与水有关，寄托以水灭火的愿望

我国现存的藻井形式多样，主要有套斗式藻井、斗四藻井、斗八藻井、斗栱悬挑式藻井（四角、八角、圆形）、套方八角蟠龙藻井、六角或八角多层套叠式藻井、伞状藻井等，南方还出现了螺旋藻井等，还有综合了天宫楼阁式藻井，创新型藻井（如隆福寺的万善正觉殿天宫藻井）等。

藻井的丰富样式

套斗藻井　斗四藻井　斗八藻井

八卦藻井　八卦藻井　星形八卦藻井

菱形藻井　六边形藻井　四方藻井

套方与八卦藻井　八卦藻井　套斗八卦藻井

圆形藻井　圆形旋风形藻井　斗四与圆形藻井

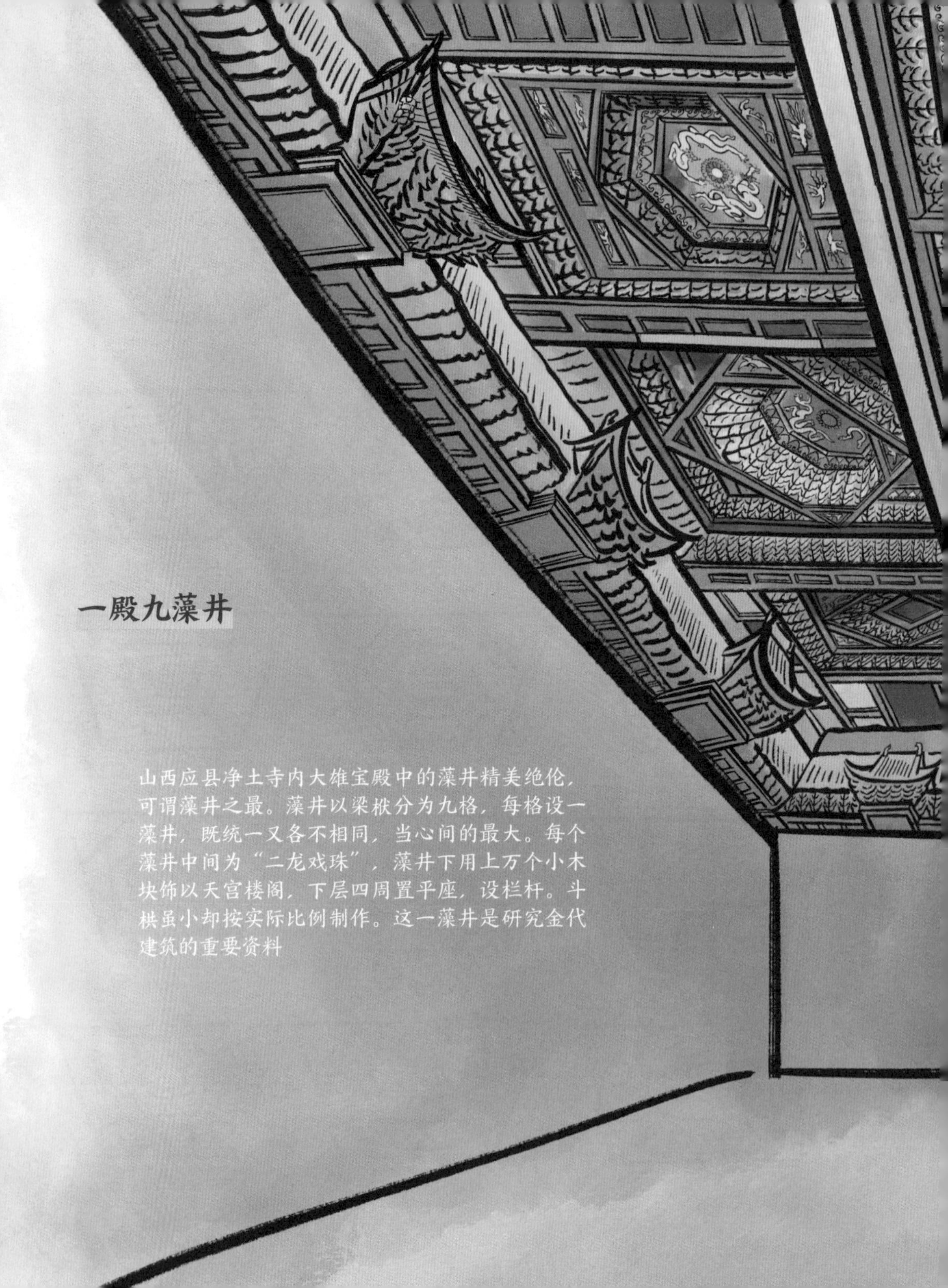

一殿九藻井

山西应县净土寺内大雄宝殿中的藻井精美绝伦，可谓藻井之最。藻井以梁栿分为九格，每格设一藻井，既统一又各不相同，当心间的最大。每个藻井中间为“二龙戏珠”，藻井下用上万个小木块饰以天宫楼阁，下层四周置平座，设栏杆。斗栱虽小却按实际比例制作。这一藻井是研究金代建筑的重要资料

“须弥山天宫楼阁”藻井

这件独一无二的藻井，我并没有发现类似的，所以无法分类，暂时以“须弥山天宫楼阁”藻井命名。这一藻井是北京隆福寺的旧物，建造于明代。根据老照片，藻井下面是观音的塑像。

藻井原有六层，最终只修复了五层，方井里面有圆井，圆井里面又有方井，第一层有 32 座楼阁，由一圈长廊相连通，第二层有 16 座楼阁，由拱廊相连接，第三层也有 16 座楼阁，其中八大八小，再上面还有 4 座楼阁，总共有 68 座楼阁建筑，楼阁屋顶的形制有重檐歇山顶、重檐十字歇山顶、重檐圆攒尖顶、四角攒尖顶等。

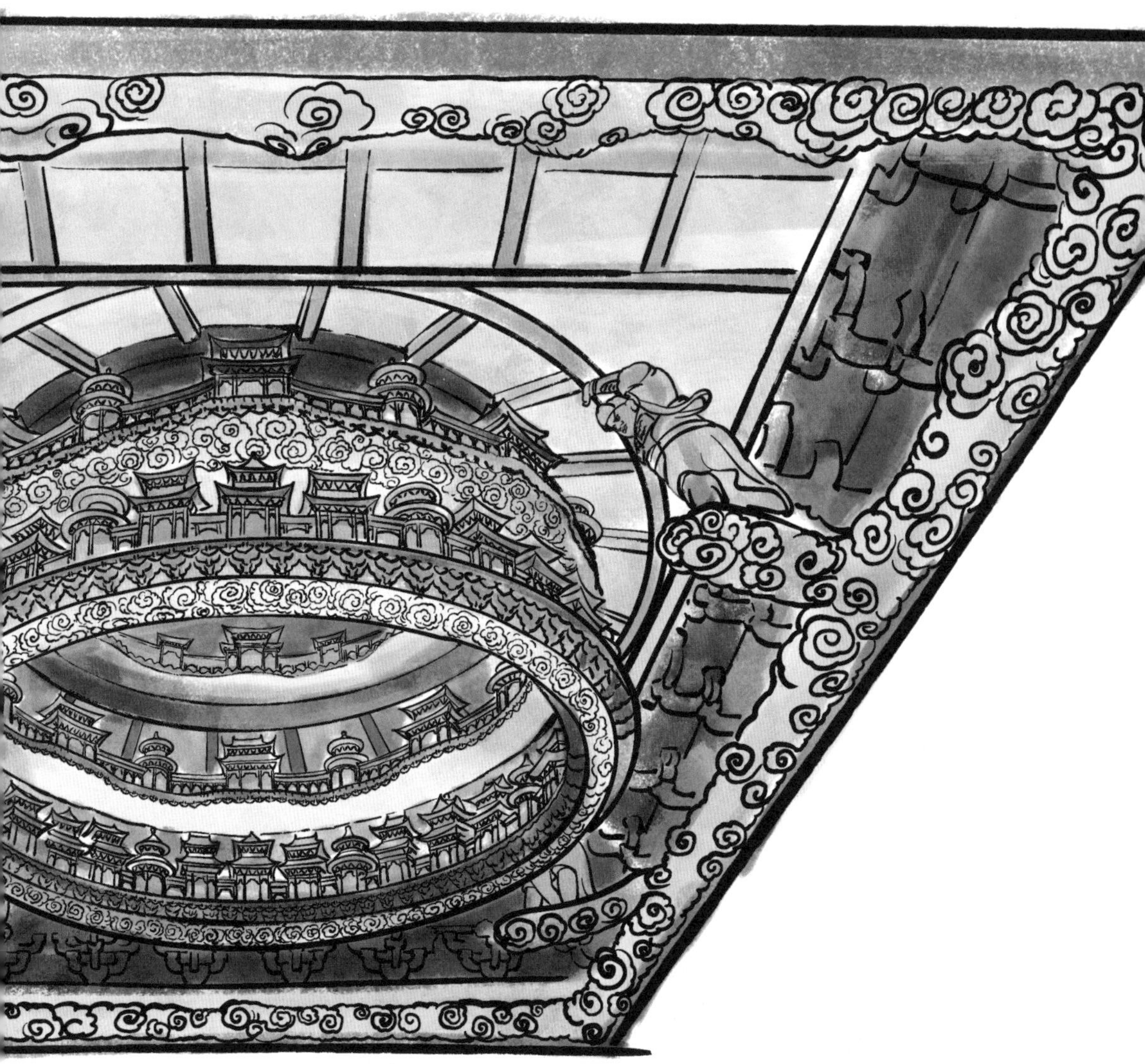

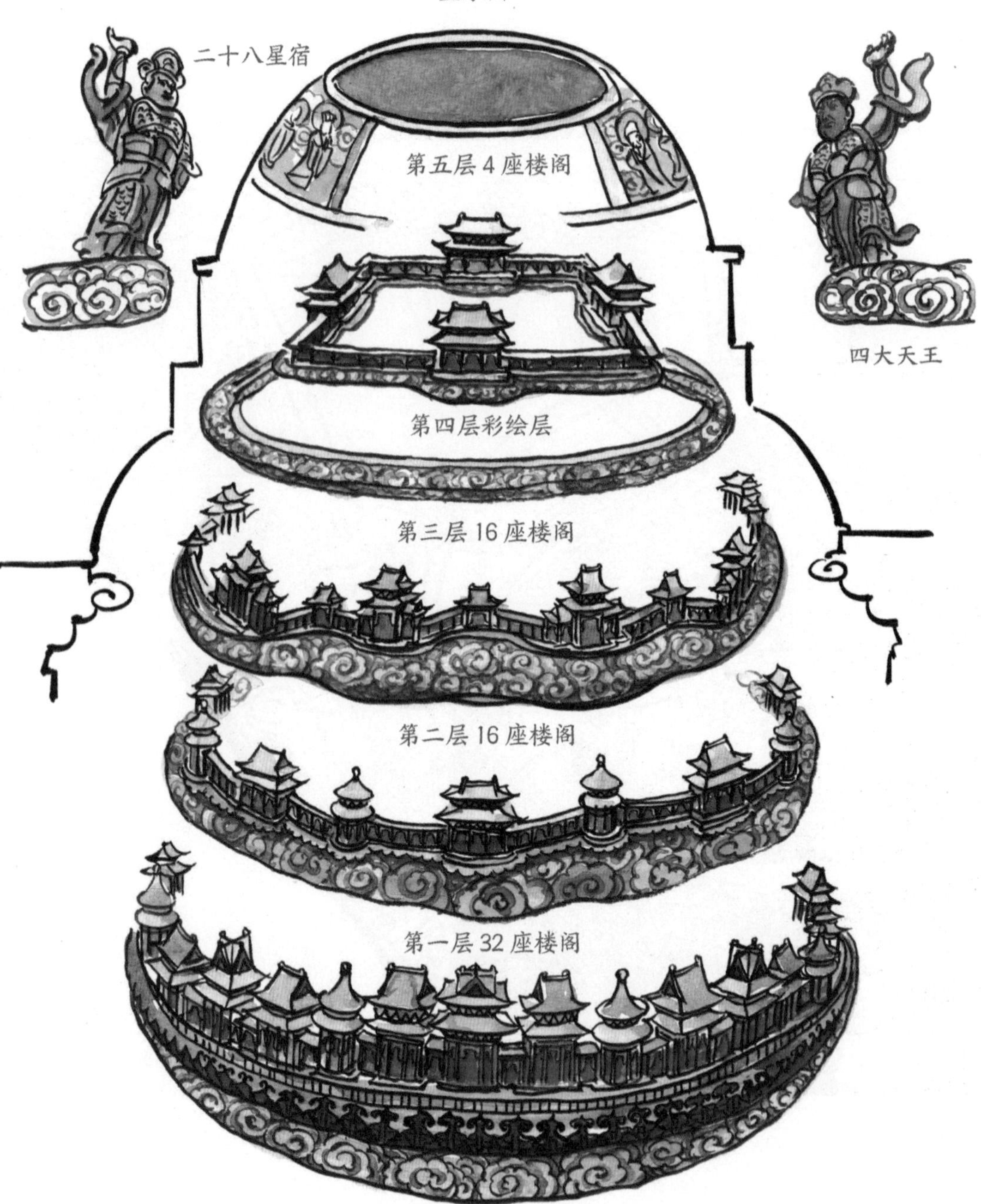
星象图
二十八星宿
四大天王
第五层4座楼阁
第四层彩绘层
第三层16座楼阁
第二层16座楼阁
第一层32座楼阁

每层圆形主框架上均细雕云纹图案，彩绘五彩祥云。最下面两层悬吊于佛像所占用的那间天花板之下，而在一、二、三、五层上布置了天宫楼阁，其下面为彩绘的二十八星宿神像(即第四层与第二层壁板、天花)。藻井的最上方是一幅星象图，存星1400多颗，据传此图是参照唐代一幅星象图绘制的，与现代天文学的记录没有太大差别。在藻井外围，与室内天花板及藻井一、二层相平的为一正方形井口枋，其上有彩云缭绕，中间立着一个个神像，而藻井第三层四角又有木雕的四大天王支撑。

此藻井十分罕见,现珍藏于北京古代建筑博物馆的太岁殿内。

第十章

有意思的中国窗户

为什么说"捅破窗户纸"？

我们常说眼睛是心灵的窗户，那窗就是房子的眼睛。古代中国没有玻璃，窗户是要糊纸的。俗语"捅破窗户纸"中的"窗户纸"说的就是过去窗户上糊的那层纸。古代的窗户上必须做很多木条，组成窗棂（líng），以防止纸被风等破坏。棂条（木条）太密了，透光性不好；太疏了，纸容易破；太粗了，会挡视线；太细了，不结实。窗棂的棂条布局就得恰到好处。聪明的匠人还创造了各种各样的图案，这些图案大多有美好的寓意。

汉代窗棂比较简单、质朴

金文的“窗”

汉代斜方格窗

金文的“窗”字就是一个斜方格窗！这种斜方格是汉代流行的窗棂图案，一直沿用到清代。

隋唐时期流行的直棂窗

窗棂图案后来也有了等级，到清代达到极致。下面就介绍一些常见的窗棂图案。当然，中国的窗棂图案千变万化，官式的图案何止百种，民间的更是丰富多彩。

窗棂图案不仅用于窗户，也用于槅扇门、坐凳、门楣等，让中国建筑变得细腻、精巧，充满了诗情画意。

故宫最高级的窗棂图案是三交六椀（wǎn）菱花。三根木棂条相交，这就是“三交”，三交木棂再雕上菱花的图案，菱花是水生植物，有防火的寓意，木棂条相交的空隙形成一个圆形，叫椀。图案中间还会插入铜钉，整体庄重华丽，寓意天地相交、万物相生、国泰民安。三交六椀菱花在清代被定为最高等级的建筑才能用的窗棂图案。

清代最高等级的窗棂图案：三交六椀菱花

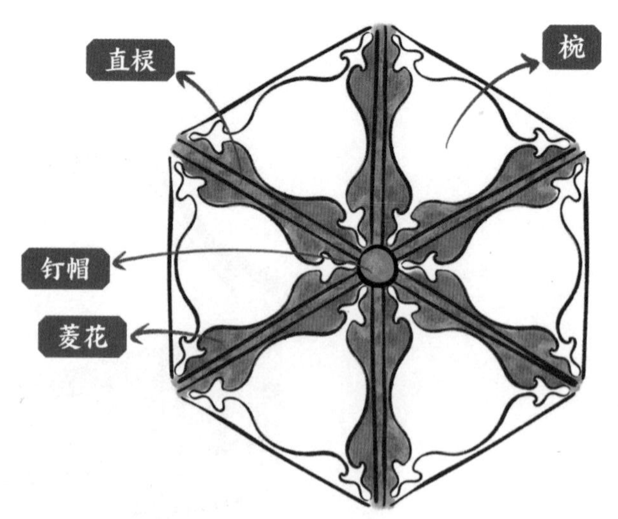

明清时期常见的窗棂图案

办公区

斜方格

也叫网纹，民间俗称豆腐格。这是中国最古老的窗棂图案。网是捕鱼的工具，寓意富贵有余，也象征网罗天下人才和财富

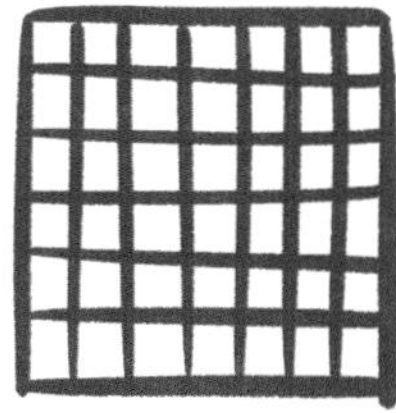

正方格

正方格比较简单、大方，寓意正直、清廉

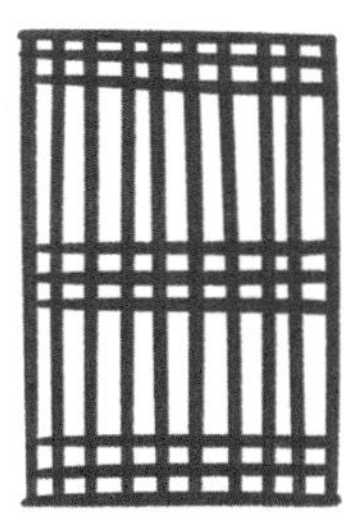

一马三箭

上、中、下各横穿三棂，好比三支箭，所以叫一马三箭。图案象征无数长箭悬在门窗上，寓意避除邪恶、谋取财富、威震四方。“一马三箭”窗常用于明清宫殿的次要房屋（如库、厨）

双交四椀菱花

比三交六椀菱花低一等级，少了一根木棂，华丽程度稍微逊色，但透光性更好了

轱辘（gū lù）钱

由宋代毬（qiú）纹演变而来。轱辘钱是匠人对簇四毬纹的俗称。轱辘指车轮，轱辘钱图案为圆圈中有内弧形方格，就像圆形方孔钱币。养心殿就用了这种图案装饰，寓意财源滚滚。自清雍正之后，皇帝的寝宫都是养心殿，也有广纳人才的意思

生活区

步步锦
寓意步步高升、前程似锦

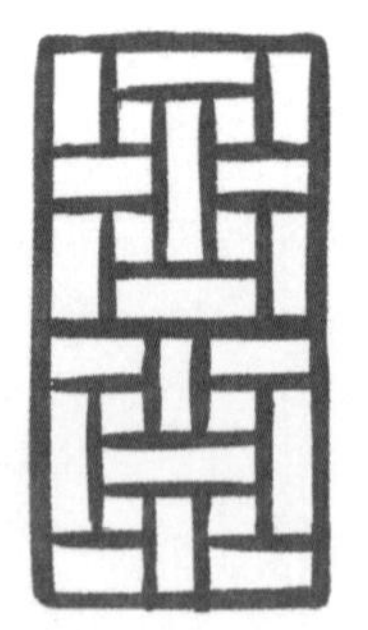

亜（亚）字纹
亚字起源古老，象征光芒和尊贵

冰裂纹
仿照冰自然开裂的纹理，给人清新、自然之感

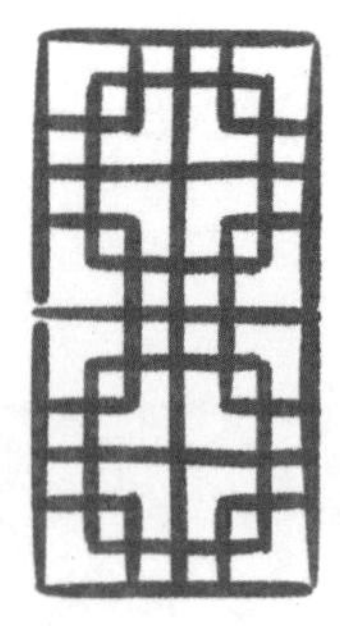

套方纹
方形套着方形，故名套方，寓意方正、吉祥

海棠纹
棠谐音“堂”，寓意富贵满堂

灯笼锦
核心图案是个长条形灯笼，灯与“登”字谐音，因此联结成了“五谷丰登”的吉祥语，灯笼又寓意美好、幸福、普天同庆

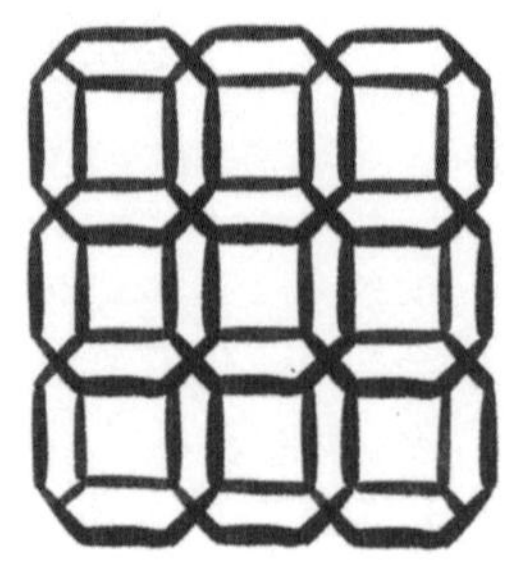

龟背锦
指八边形的像乌龟背甲的纹理。龟长寿，故龟背锦也有长寿的寓意。这一图案可以跟十字、海棠、如意等图案组合

卍（万）字纹

俗称“万字不到头”，唐代女皇帝武则天把卍定为“万”字，意思是集天下一切吉祥、功德。连绵的卍字构成的几何图形，象征富贵绵长，永不断。卍字有很多种组合，是中国最流行的纹样之一

风车纹

一种象征风车轮形状的图案，寓意上天恩赐的力量、财富无有终止

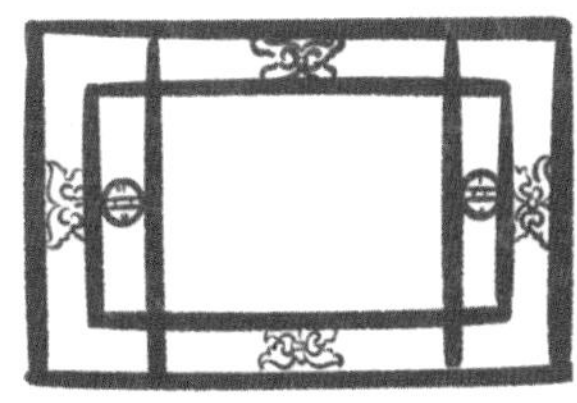

灯笼锦

中间的空白比较大，通常会装裱字画

盘长纹

盘长，又称吉祥结，是佛教八宝之一，其形状类似绳结，没有头尾，象征着连绵不断、回环贯彻、长久和永恒

万千风情在花窗

上古的“窗”专指开在屋顶上的天窗，开在墙壁上的窗叫“牖（yǒu）”。后来，江南园林里出现了很多墙窗，又称“花窗”，样式多变化，别有一番风情。如果你家有院子，但是院子外面很难看，就砌一堵墙挡上。如果嫌空间闭塞，你可以做一些假窗——一半用砖堵上，一半用镂空的雕花窗格，有窗又不透景，这种叫盲窗。

如果院外的风景特别好，那你在墙上掏个洞就可以了，这叫空窗。空窗不仅是窗，也是一个画框，窗景好像一幅挂在墙上的画。空窗可以做成不同的形状，让人透过窗户赏四时之景，别有一番趣味。

如果院外的风景不好，也不差呢？那你可以把空窗用花格封起来。在南方，人们会将花格刷白，与墙体一色，镂空的花格与窗外的景色形成半透明的效果，有种朦胧美，这种窗就叫漏窗。漏窗安在院墙和走廊上，通透，不需要糊纸。不管是盲窗、空窗，还是漏窗，外形变化多端，花格又有吉祥寓意，它们让一堵墙变得多姿多彩。以上这些花窗主要用于江南园林内部。

盲窗

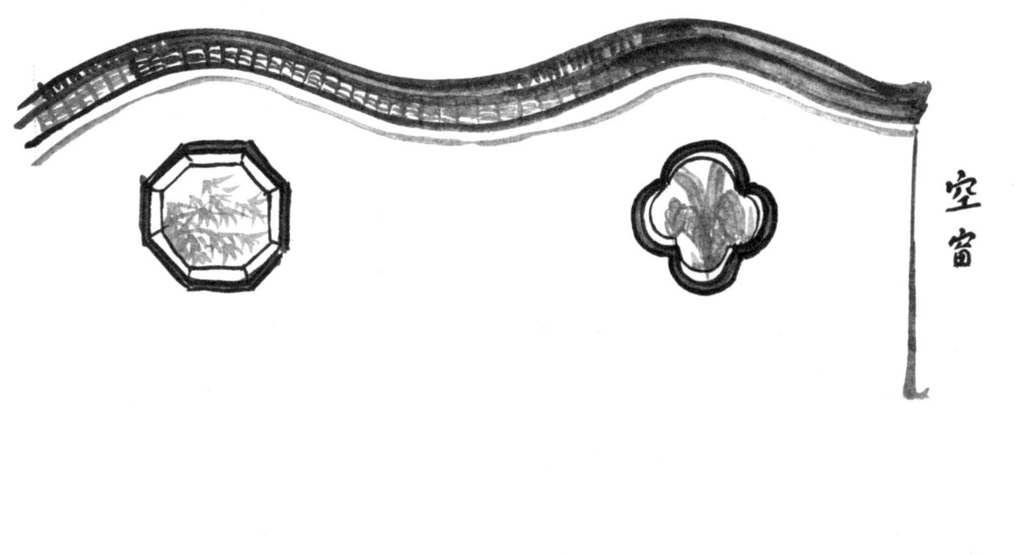

漏窗

第十一章

栋梁和顶梁柱是什么？

栋梁在哪里？

中国古建筑以木构架为主，而木构架主要有四种，抬梁式、穿斗（dòu）式、干阑（gàn lán）式、井干式，其中使用最多的就是抬梁式和穿斗式。北方建筑，比如北京故宫、北京四合院，山西的古建筑等，大多使用抬梁式。南方民居多用穿斗式，大型的厅堂则将抬梁式和穿斗式结合起来。

栋，或称栋梁，是屋顶最高处的水平木梁，是支撑正脊的核心负重木材，宋代叫脊槫，清代叫脊檩。栋梁需又长又直，又粗又结实，不然屋顶就不可能平、正。《庄子》载："仰而视其细枝，则拳曲而不可以为栋梁。"意思是，这棵树的树枝比较弯曲，不可以做栋梁。所以一般的树木难为栋梁。后来"栋梁"一词引申为身负重担的人、能担负责任的人。

哪根柱子是顶梁柱？

顶梁柱是民间口头语，指建筑结构中起支撑房梁作用的柱子。实际上大木结构建筑的所有柱子都算"顶梁柱"。这个词通常用来比喻生活中起重要作用的人，或者说起主要作用的骨干力量。

“墙倒屋不塌”，是真的吗？

在中国的木构架古建筑中，柱、梁、枋和檩是承重结构。要不要墙壁，我们可根据需要而定。做亭榭，则不需要墙；做戏台，则部分建墙即可。墙可以是土墙、砖墙，也可以是木板、槅扇门，非常灵活。木构件之间通过榫卯连接，大木结构之间不用钉子和胶水，有一定的刚性和弹性，所以轻度的地震发生时经常出现“墙倒屋不塌”的情况，墙倒了，房屋的柱子、梁架等安好，你只需维修一下墙。但这种情况只适用于木结构承重的建筑，有些建筑是砖构、石构的，则不适用。有些建筑的部分墙体也承重，比如福建土楼，墙倒则屋塌。

趣味冷知识

上梁不正，下梁也不一定歪

要找到又粗又长又直的木材做梁自然是好，但古代很难找到大量的优质木材，因此民间建筑上有不少梁是歪的，尤其是在山西地区，歪梁有很多。但聪明的工匠总能通过辅助手段，增加或减少一些支撑件（如斗栱、驼峰、栌斗等），达到整体的平衡，建筑外观看起来是非常标准的，所以即使上面的梁不正，下面的梁也不一定歪！

古建筑的结构体系

抬梁式

抬梁式用柱子把梁一层层抬高起来，梁上架檩条，檩条上再铺椽子、苫（shàn）背、瓦。这种木构架多用于我国北方的宫殿、庙宇等规模较大的建筑物。

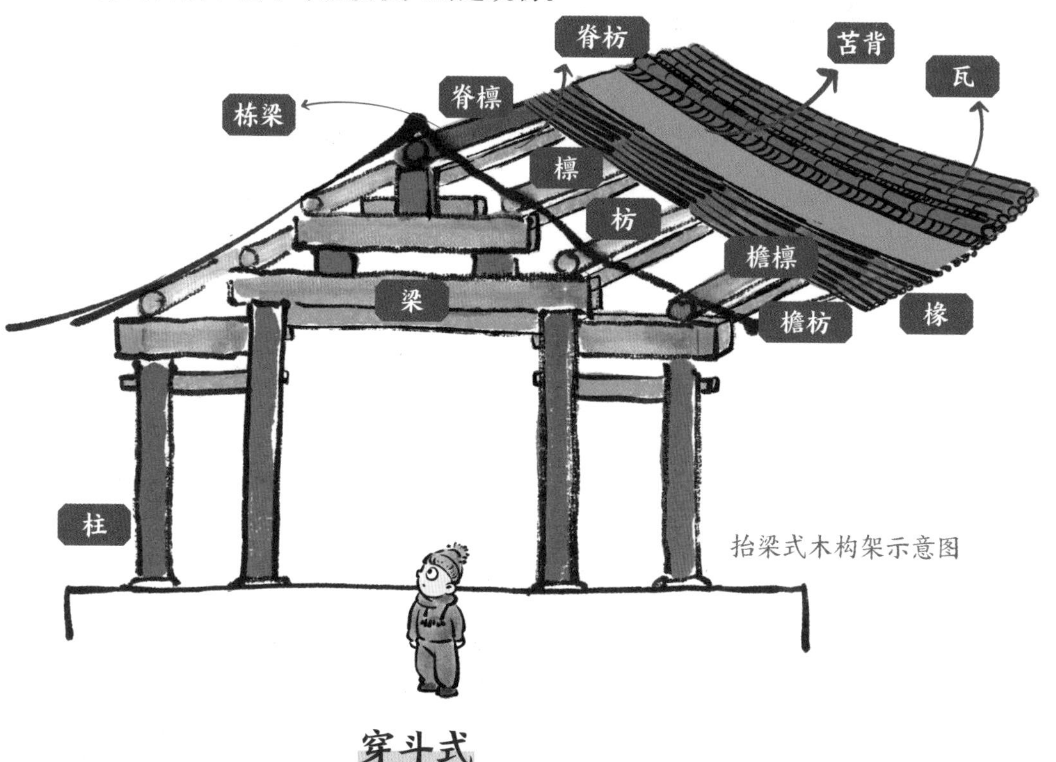

抬梁式木构架示意图

穿斗式

穿斗式用穿枋把柱子穿起来，形成网状结构来支撑屋顶，非常稳固，不需要很粗的柱子或很粗的枋，施工简单，被南方民居广泛采用，缺点是柱子排列密，室内空间不大。穿斗式通常会与抬梁式结合起来。

穿斗式木构架示意图

干阑式

干阑式是中国南方和西南地区多见的一种传统民居结构。这种建筑结构的主要特点是底层架空，居住空间与地面隔离，可以适应炎热、潮湿的气候。干阑式建筑具有多个优点，包括通风、防潮、防兽等。干阑式建筑通常采用竹木结构，下层可以用于饲养牲畜或杂用，上层则是人们日常起居的空间。这种建筑结构在多个少数民族的民居中广泛应用。

干阑式木构架示意图

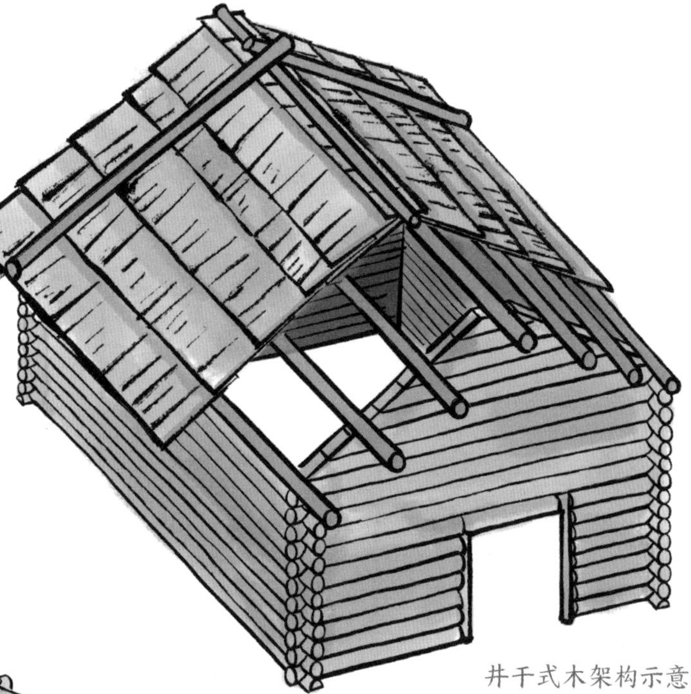

井干式木架构示意图

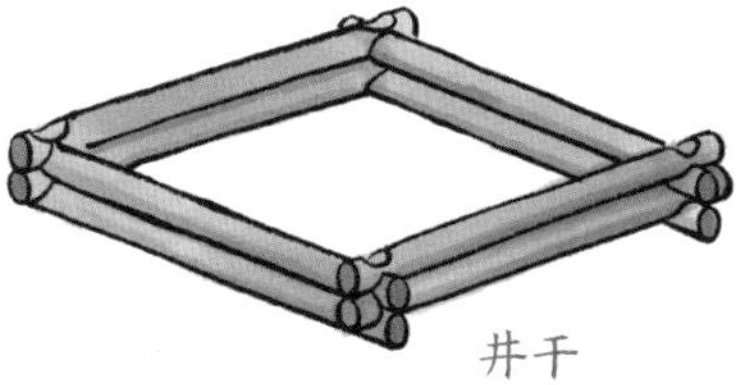

井干

井干式

井干式是一种古老的建筑结构，不用立柱和梁，以圆木或矩形、六角形木材平行向上层层叠置，木料端部在转角处交叉咬合，形成房屋四壁，形如古代井边的木围栏。这种结构由于耗材量大，建筑面阔和进深受木材长度的限制，外观也比较厚重，因此应用得不广泛，一般仅见于盛产木材的林区，云南、西藏地区常见。

北魏绘画上的井口

雀替与牛腿是做什么用的？

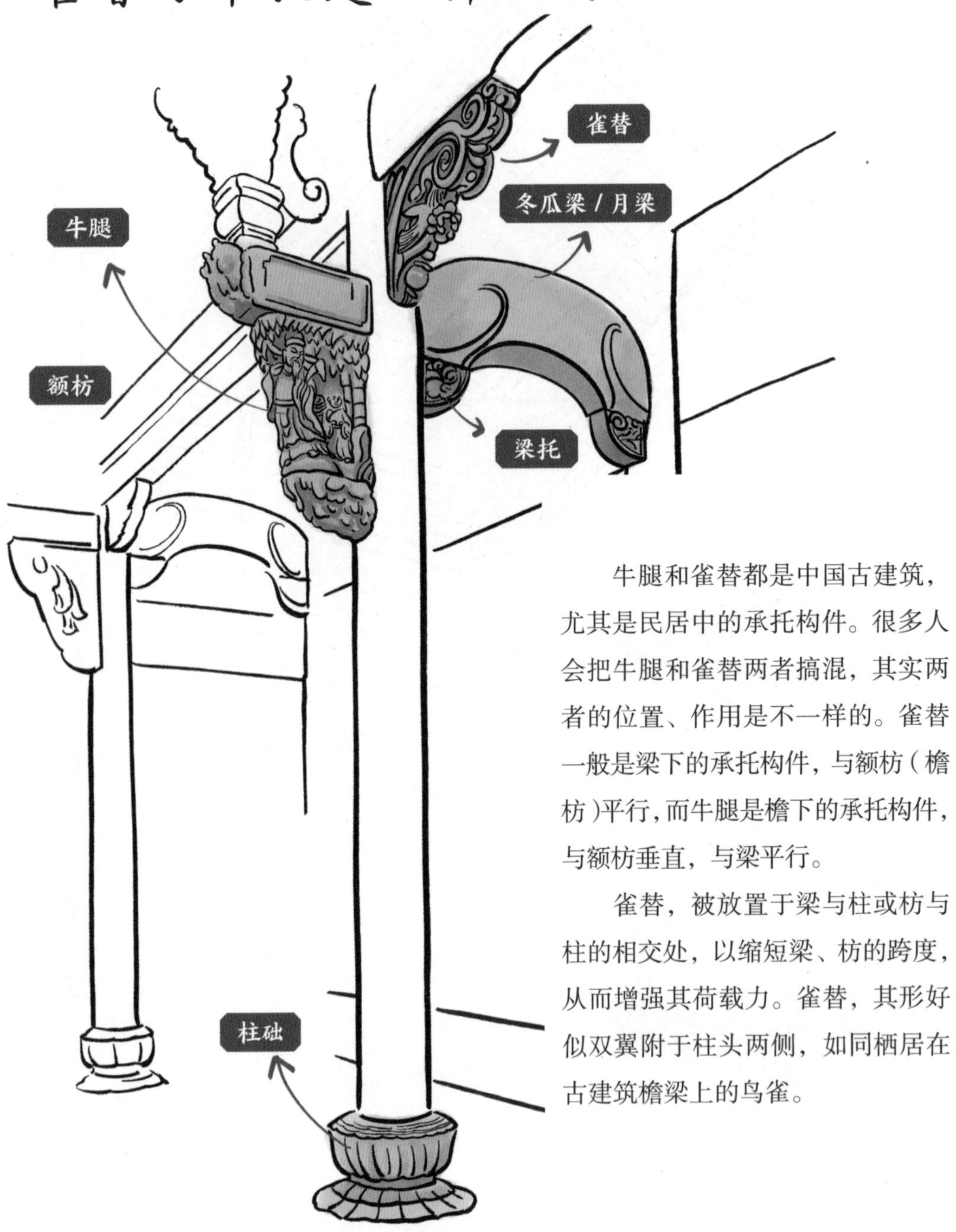

牛腿和雀替都是中国古建筑，尤其是民居中的承托构件。很多人会把牛腿和雀替两者搞混，其实两者的位置、作用是不一样的。雀替一般是梁下的承托构件，与额枋（檐枋）平行，而牛腿是檐下的承托构件，与额枋垂直，与梁平行。

雀替，被放置于梁与柱或枋与柱的相交处，以缩短梁、枋的跨度，从而增强其荷载力。雀替，其形好似双翼附于柱头两侧，如同栖居在古建筑檐梁上的鸟雀。

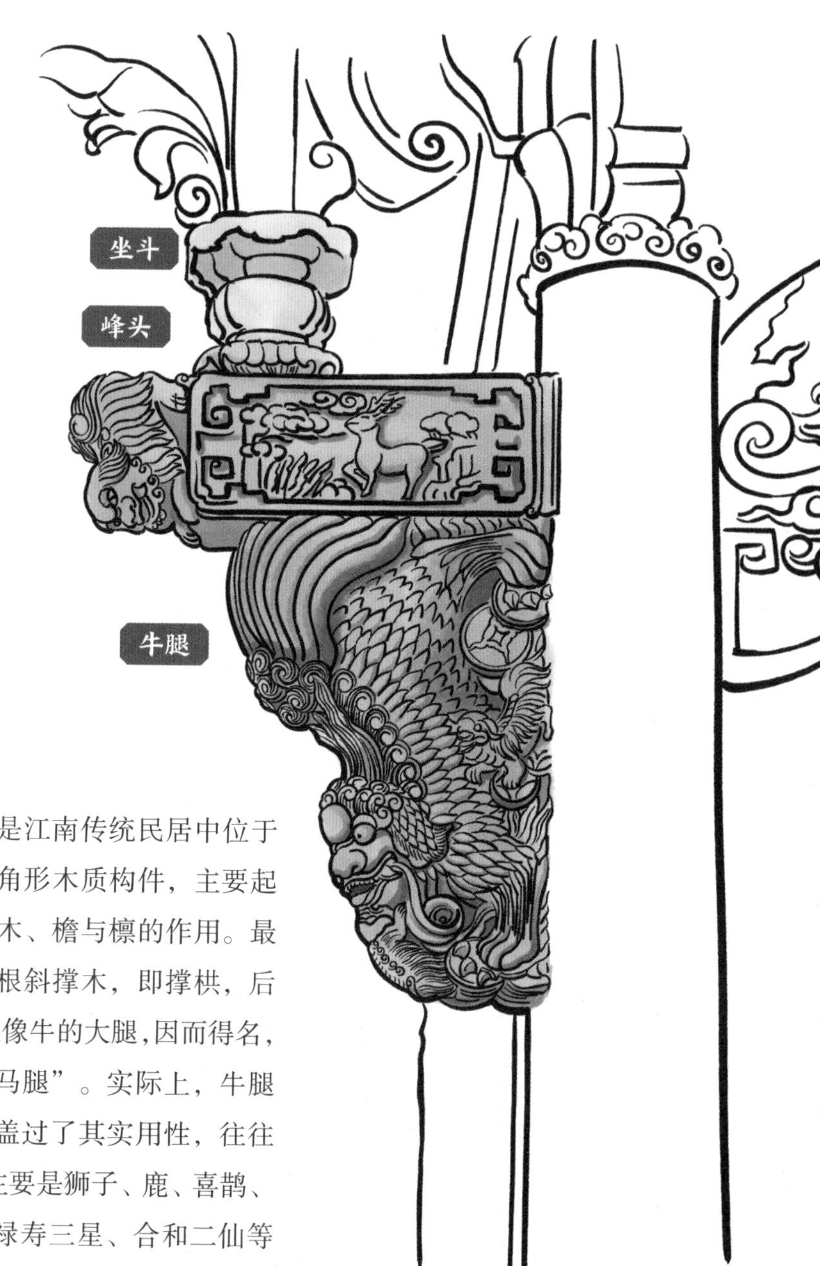

牛腿，主要是江南传统民居中位于梁、柱之间的三角形木质构件，主要起支撑建筑外的挑木、檐与檩的作用。最初这一构件是一根斜撑木，即撑栱，后来越做越粗壮，很像牛的大腿，因而得名，有的地方也叫“马腿”。实际上，牛腿的装饰作用大大盖过了其实用性，往往雕工精美，图案主要是狮子、鹿、喜鹊、麒麟等瑞兽，福禄寿三星、合和二仙等神仙，或戏曲等题材中的形象。

第十二章

中国人为啥喜欢住坐北朝南的合院？

为什么中国民居大多“坐北朝南”？

所谓坐北朝南，就是房子正面朝南，背面朝北。房子的大门和主要的窗户都开在正面。现在大家买楼房也喜欢南北朝向的房子。这是为什么呢？

这是因为我国冬季主要受西北风影响，夏季主要受东南风影响。冬季既需要避风，也需要阳光，提高室温，所以房子背面通常都建一堵墙，正面门窗多，正好可以收集更多的阳光。这样设计还能便于夏季的东南风吹入家里。

中国位于北半球，大部分地区在北回归线以北，太阳东升西落，因此坐北朝南的房子在采光上有着显著的优势：夏季，太阳高度角较大，屋檐能够阻挡一些阳光直射，窗户能够接纳来自太平洋的东南风；冬季，朝南的门窗又能接受更多的光照，北面的厚墙能阻挡西北风。

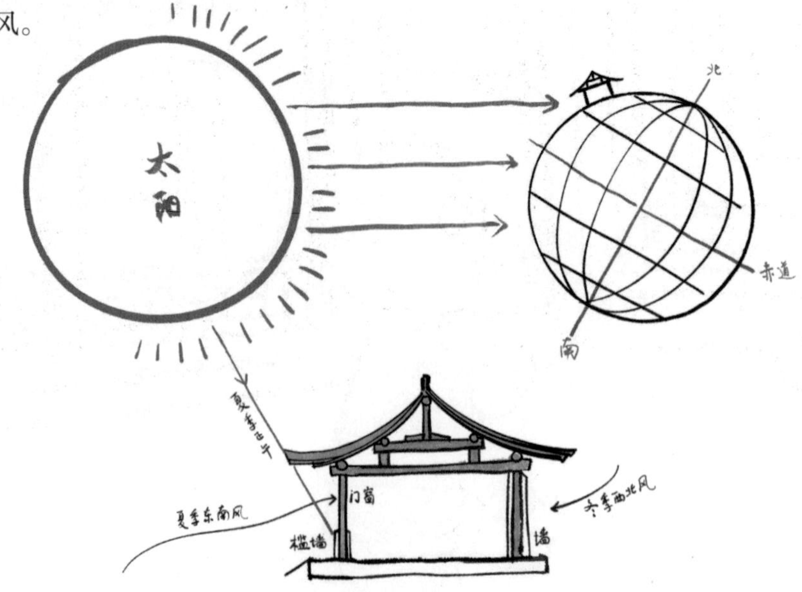

南面开门窗，采光、通风　　北面建一堵厚墙，御寒

正房（北）
西厢
东厢

北方四合院正房面南背北，舒适度最佳

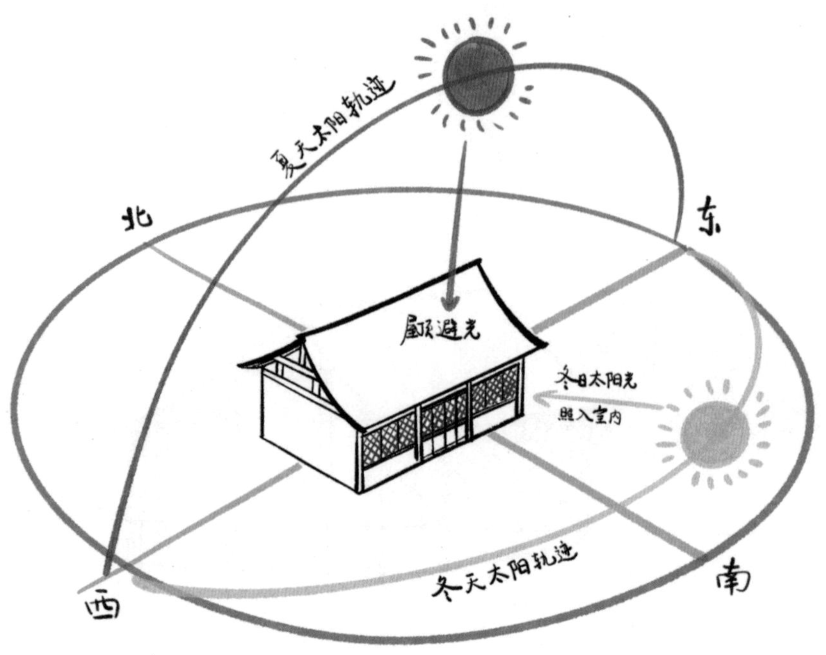

所以，中国各地，特别是北方，建房大多遵循坐北朝南的原则，小到一栋房，大到一个村、一座城，都是如此。皇帝的宫殿也不例外，西安的唐大明宫、北京的明清故宫也是坐北朝南的，所以历史上有“南面称孤”（称孤，即称王）的典故。

北京的街道也多是严格按照房屋坐北朝南的布局来建设的，民居四合院也是方方正正的，街道大多是东西向、南北向，只有个别街道不遵循此原则，因此被称为“斜街”，比如烟袋斜街、外馆斜街，因此方向特别容易辨认。北京人很爱说方位，有个笑话说北京人连睡觉都讲究方向，晚上老两口躺在床上准备睡觉，这个说“你别挤着我，你朝南边挪挪”，那个回“你朝北边挪挪”……

但是有些地方的建筑例外，山西大同的辽代寺院下华严寺就是坐西朝东的。为啥呢？因为辽代的统治者是契丹人，他们崇拜太阳，东方是太阳升起的地方，所以契丹人主持修建的寺庙大多朝东。有些地方根据具体地形、气候而因地制宜，其建筑不完全遵循朝南的原则。

古建筑冬暖夏凉是真的吗？

古人的住宅跟现代的楼房不同，古建筑多为坡面顶，坐北朝南，屋檐伸出。我们以北京为例来讲，北京的夏至正午，太阳与地面的夹角达到一年中最大，约为 74 度角，大量阳光恰好被屋檐挡住，只有很少的光能照射到槛墙上，墙上的窗户晒不着。而且大屋顶的天花板上有个三角形空间，相当于隔热层。

到了冬天，我们需要温暖的阳光照射到室内，北京冬至时正午太阳与地面形成的角度约为 27 度，是一年中最小的角度，刚好通过窗户照射到建筑里面，给室内更多的阳光。北方的传统建筑正房的左右和北面还有厚墙，不仅挡住了寒冷的西北风，还能保温。

除了北方的殿堂式建筑，陕北的窑洞、河南地坑院、甘肃和新疆的平顶建筑等传统民居因地制宜，都具有冬暖夏凉的效果，而对南方，尤其是福建、广东而言，由于气候很不同，“夏凉”的需求大于“冬暖”，当地优秀的传统建筑会在设计上注重避雨、遮光、通风透气，也能达到夏季凉爽的效果。

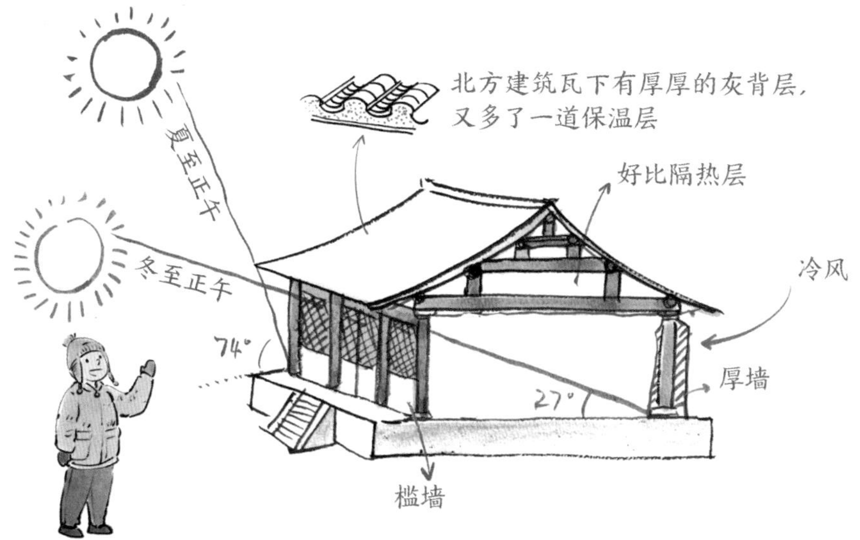

理想的村庄选址是背山面水，坐北朝南。理想的房屋也是如此，建设在相对高敞处，才能冬暖夏凉。

古人建房选址时一般会选“背山面水”的地方，正是为了冬暖夏凉。这样的环境有利于形成良好的生态环境和局部小气候。夏季，烈日照射，夏季风（东南风）经过水域，可降低气温，调节小气候，房屋面南开窗，便于东南风吹入室内。冬季，朝南的窗户便于阳光照进室内，后山可以阻挡寒冷的冬季风（西北风）。

所以，说古建筑冬暖夏凉是有道理的。但是，这也是相对的，古人在有限的条件下做到了房子尽可能宜居。也不是所有的古建筑都冬暖夏凉，还得看建筑的朝向、地理位置、质量等。

爸爸，为啥北京人都住在破房子里?
这可不是破房子，这是北京四合院，可高级呢!

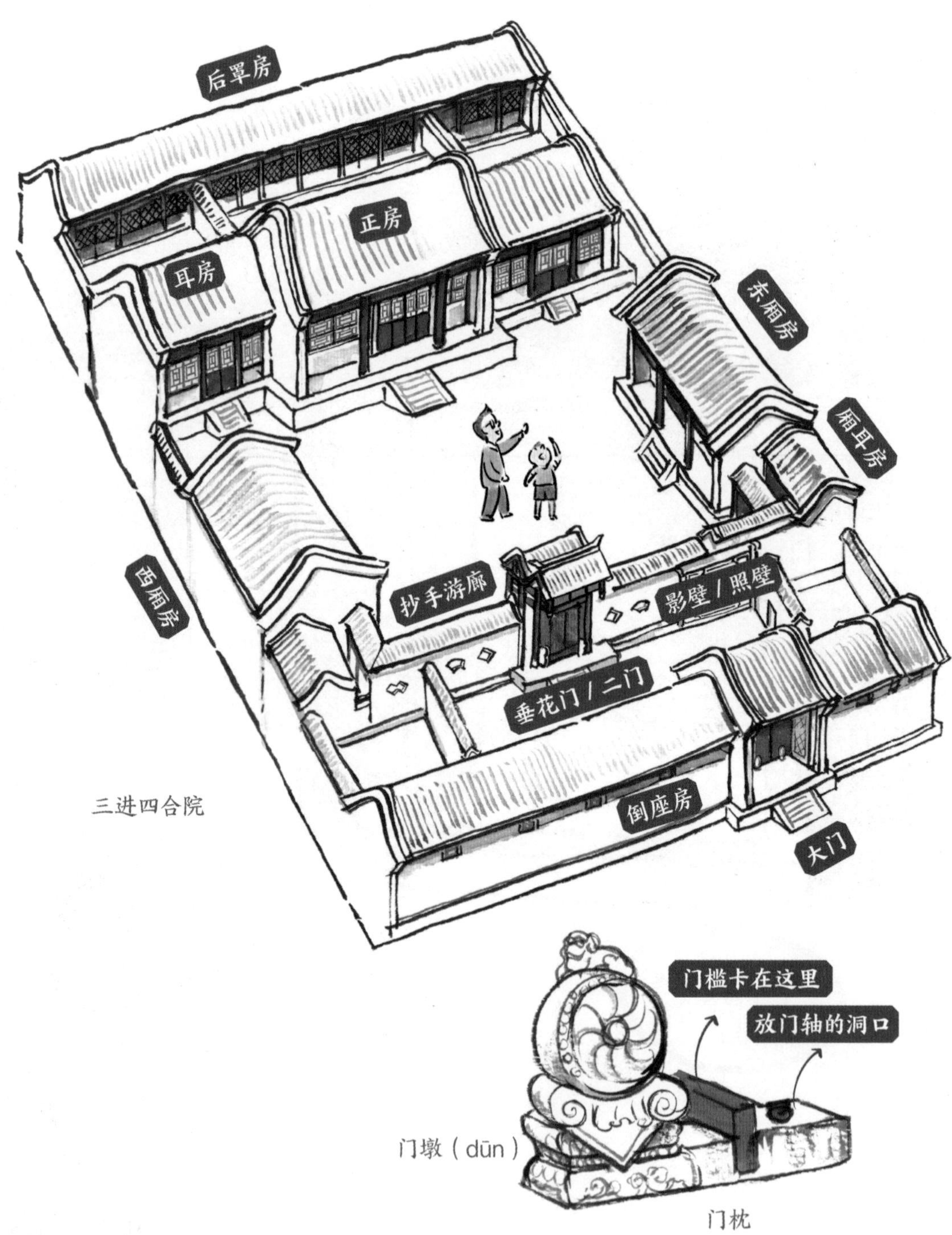

三进四合院

门墩（dūn）

门枕

北京四合院有哪些结构？

我们来“盖”一座四合院……

想象一下，这是我的院子，先盖一座正房，就是四合院里最高大的房子，两根柱子之间为一开间，正房一般是三开间，正面朝南，南面开门窗，这是我的会客厅。正房左右两侧盖小一点的房间，像正房的耳朵，所以叫耳房，耳房做我的卧室和书房。

正房前面再盖东西对称的三开间房屋，叫厢房，你们长大了住这里。哥哥住东厢房，弟弟住西厢房，南边再封上围墙，正中间做一个漂亮的垂花门，这个内院就完成了。

内院外面还设一个小的外院，南边盖一座长条形的房子，坐南朝北，门窗朝里开，这个叫倒座（坐）房，好像面对院内倒坐一样。倒座房可以做客房和保姆房。四合院的大门开在倒座房的右下角。按照风水的讲究，东南角的巽（xùn）门是出入风口。而且中国人讲究隐私，如果两个大门对着，门一开，正房里的事容易被人看见了；错开一点呢，大门对着一面雕花的照壁，也有利于保护隐私。

大门一般说不上多好看，毕竟是给外人看的，要低调。我比较喜欢蛮子门和如意门，雕花图案很好看。这第二道门——垂花门就可以怎么华丽怎么来了，垂花门一般有两个屋顶，一个是有正脊的悬山顶，一个是卷棚悬山顶，这叫一殿一卷，垂花就是把最外侧的两根檐柱给截断了，柱头部分雕花。垂花门就是“大门不出，二门不迈”的二门。

一殿一卷垂花门

每个四合院的大门前都有门墩，门墩是门枕位于门外的部分，一般雕刻成箱形和圆鼓形（抱鼓石），搁在一个基座上，门枕其实是固定大门门槛和门轴的构件，有的门墩还雕刻趴着的小狮子。

如果家里人再多一点，我还可在正房后面再盖一排后罩房。这样，一套标准的三个院子的三进四合院就完成了。有钱人还可以建四进、五进院子，在院子左右建跨院，甚至建造私家园林。

现在，像样的北京四合院也不多了。

抄手游廊是什么？

抄手游廊，是北京四合院内连接垂花门、厢房和正房的走廊，可方便人们雨雪天行走。

在院落中，抄手游廊都是沿着院落的外缘布置的，形似人抄手时胳膊和手形成的环形，所以叫抄手游廊。抄手游廊通常不设墙，是开敞式附属建筑，上设精美的花格楣子，下设坐凳，既可供人行走，又可供人休憩。游廊不仅有通行功能，还丰富了内宅建筑的层次和空间。

寓意吉祥的什锦窗

在园林建筑及北京四合院中，围墙上常设置样式各异的牖窗，根据人们的需要可以通透，也可以封闭，在南方称花窗，在北京俗称什锦窗。什锦窗具有较强的装饰作用，样式丰富，采自造型优美的器皿、花卉、蔬果与几何图形等，有玉壶、扇面、寿桃、五角形等样式，大多有吉祥、美好的寓意。

寿桃形，寓意长寿

宝瓶形，瓶谐音“平”，寓意平安

石榴形，寓意多子

双菱形，也称方胜纹，寓意同心

梅花形，寓意品行高洁

扇形，寓意善良与清风

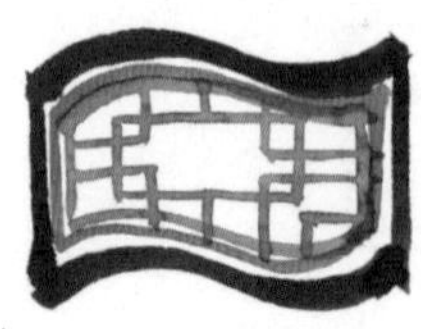

书卷形，寓意文化

磬形，磬谐音“庆”，寓意喜庆

壶形，壶谐音“福”

北京恭王府后罩楼的什锦窗，
制作得十分精美

北京四合院常在抄手游廊外墙设置什锦窗

末代皇后的故居

末代皇后婉容（1906 年—1946 年）的婚前住宅，位于北京市东城区帽儿胡同，现为居民院。婉容的全名是郭布罗·婉容，是达斡尔族人，清光绪三十二年（1906 年）生于荣源府，于民国十一年（1922 年）被册立为宣统帝爱新觉罗·溥仪的皇后，是清朝最后一位皇后。

宅院坐北朝南，分东、西两路院，西路四进院落，东路三进院。原大门开于宅院东南隅，大门是三间一启门式王府大门，西路院正房即郭布罗·婉容所居。西路一进院北侧为垂花门，垂花门两侧有看面墙。

西路二进院有过厅三间，前后出廊，过厅两侧各有耳房一间，院内有抄手游廊围合二进院。西路三进院有正房五间，前后廊，檐下有倒挂楣子及花牙子，明间为槅扇门——工字卧蚕步步锦棂心，次间及梢间为支摘窗——盘长如意棂心。墀（chí）头处有砖雕。正房两侧有耳房各一间。院内东、西厢房各三间，西路四进院有后罩房七间。

东路院有花园。一进院北侧有月亮门一座。二进院内有假山石，过厅三间，前出廊，两卷勾连搭。明间为槅扇门，次间有盘长如意棂心装修。二进院两侧各有一条游廊通往后院，游廊墙上有什锦窗，三进院内有北房三间。这套是比较大的带花园的四合院，当然不是最大的。

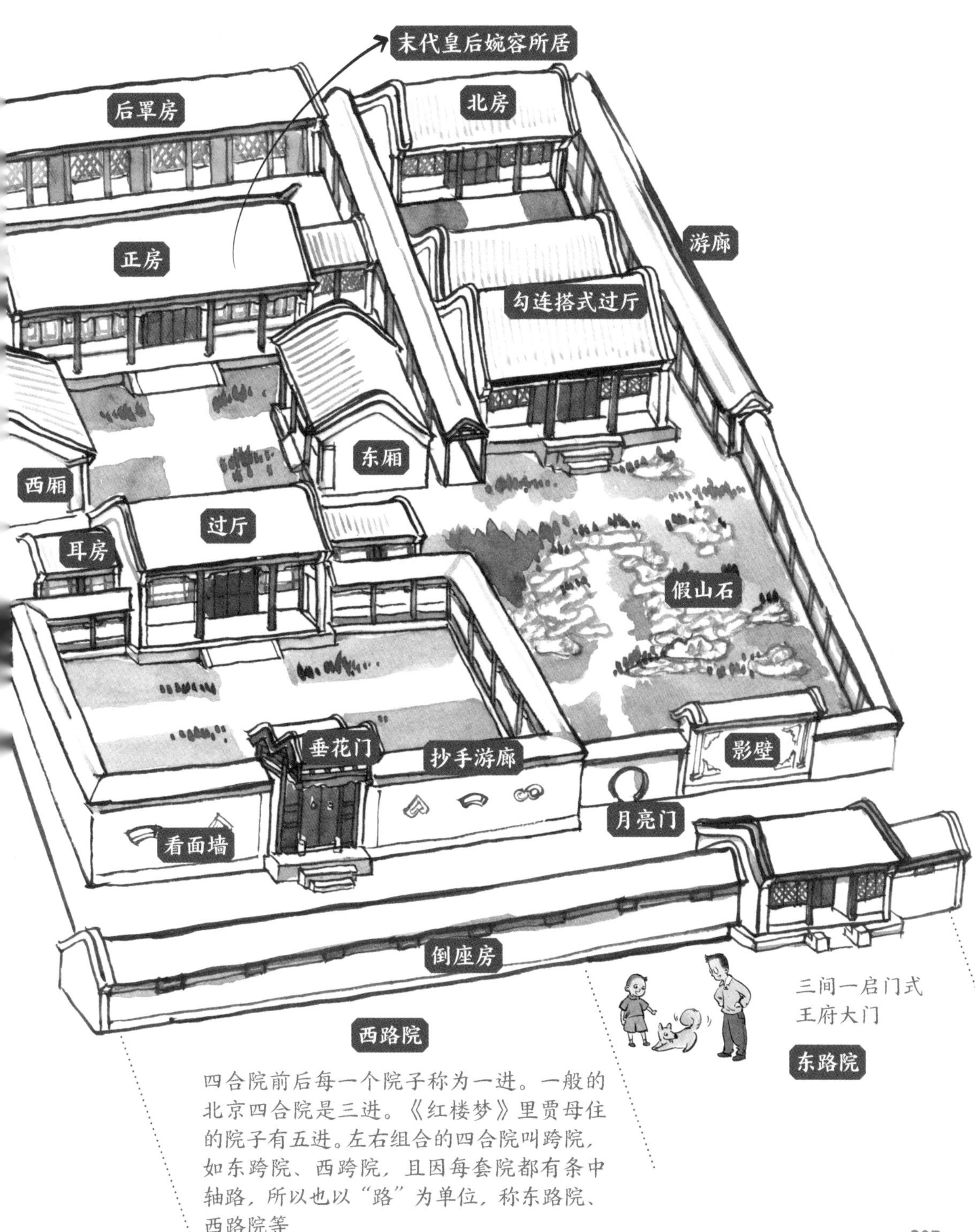

四合院前后每一个院子称为一进。一般的北京四合院是三进。《红楼梦》里贾母住的院子有五进。左右组合的四合院叫跨院，如东跨院、西跨院，且因每套院都有条中轴路，所以也以“路”为单位，称东路院、西路院等

如何区分四合院的大门？

北京四合院的大门主要分六个等级：王府大门、广亮大门、金柱大门、蛮子门、如意门和随墙门。前五种大门都算是房屋，结构与殿堂类似，所以称屋宇式大门。王府大门至少有三开间，明显区别于其他大门，其后的四种大门都是一开间的，就不好区分了。

普通四合院门只有一开间　　王府大门有三开间或五开间

除皇宫的大门外，王府大门是住宅大门中的最高等级。

王府大门一般设在王府的中轴线上，而不是像普通四合院那样设在东南角，通常有三间一启门和五间三启门两个等级，门上有门钉。王府大门是屋宇式大门中的最高等级，但在王府中还有高低的不同。以清朝为例，王府分为亲王府、郡王府、贝勒府、贝子府、镇国公府、辅国公府等几个等次。亲王府门为五间，可开启中央的三间，大门上的门钉用九行七列共六十三颗，比如恭王府的大门。郡王府的大门为三间，可开启中央的一间，门钉用九行五列共四十五颗。王府大门前一般都有石狮子，雌雄各一，分列在大门两侧，以壮威势。大门的正前方隔着街道还会立影壁一座，作为大门的对应。

广亮大门，门板设置在中柱上，清代广亮大门是一品到七品文武官员的住宅大门，一般的商人即使有钱也不许使用

金柱大门，门板设置在金柱上

蛮子门，门板设置在前檐柱上

如意门，前檐柱用砖封砌，中间留门

门厅越宽敞，大门的等级就越高。

以上是普通的四合院大门。看大门的等级，核心看门板安装的位置。右图所示为屋宇式大门的柱子分布与名称，一座大门山面（侧面）有三根柱子，前后檐柱少不了，那么，有中柱就没有金柱，有金柱就没有中柱。大门的等级就看门板安装在哪根柱子上，门板越靠后，门厅就越宽敞，大门的等级就越高。

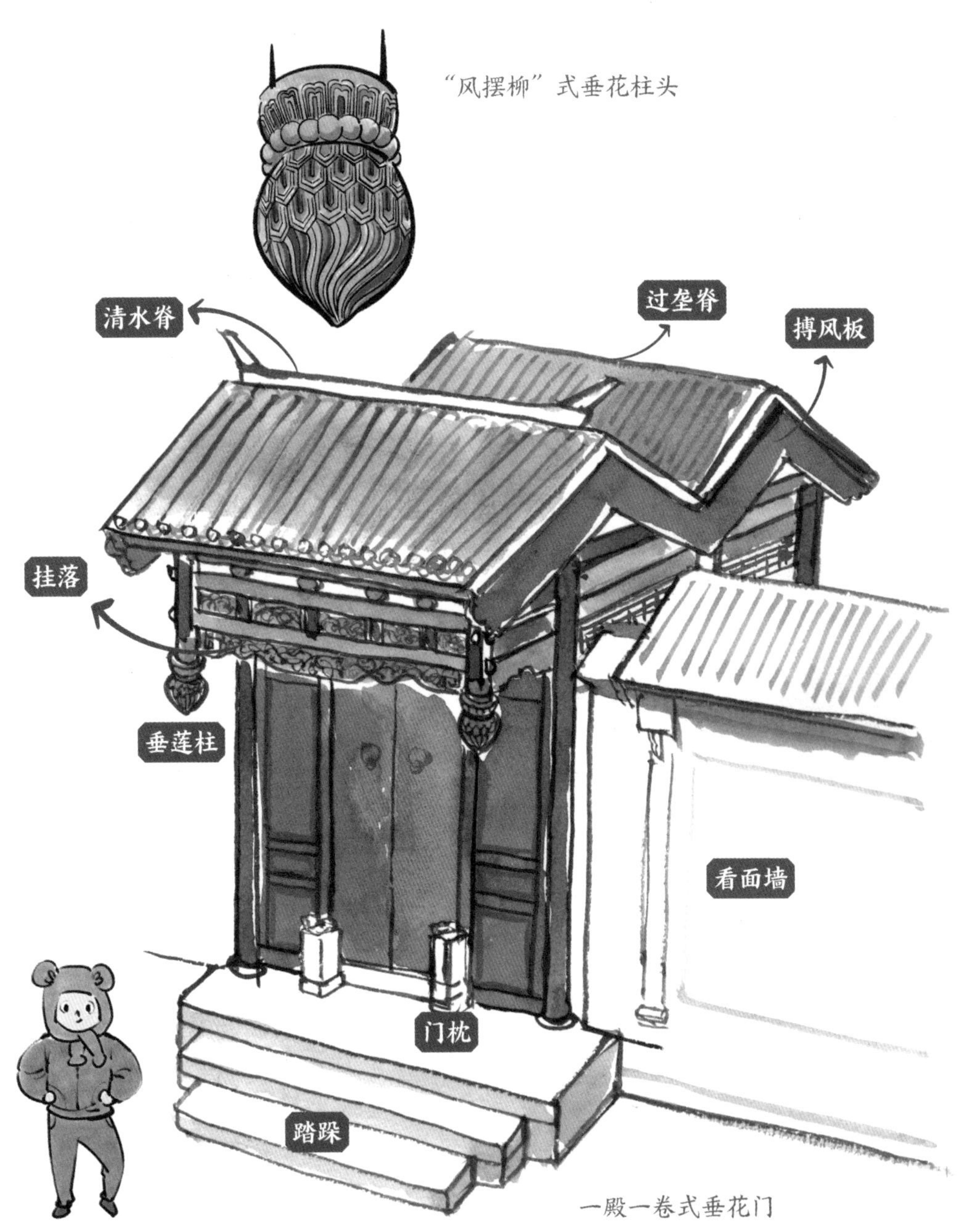
“风摆柳”式垂花柱头
清水脊
过垄脊
搏风板
挂落
垂莲柱
看面墙
门枕
踏跺
一殿一卷式垂花门

趣味冷知识

这些“门”你知道吗？

随墙门

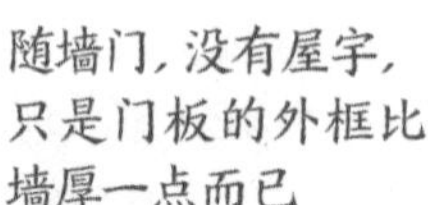

随墙门属于直接开在墙上的门，没有屋宇，门板也比较窄，多为社会下层的普通百姓居住。

大门不出，二门不迈：“二门”

垂花门坐落于院落的中轴线上，为第二道门，俗称二门，又称内门。前檐檩下不立柱，改用两个悬而倒置的垂柱，柱头多雕饰莲花瓣、串珠等纹饰，因而得名。柱间安有雕刻精美的花枋，梁架上施以彩绘。

垂花门大体可分为独柱式和双柱式两种。独柱式垂花门只有一排柱子，梁架与中柱十字相交，中柱承托着悬山顶，前檐柱、后檐柱均为垂莲柱；双柱式垂花门，有两排柱子，以一殿一卷式最为常见，是在独柱式垂花门后接一个卷棚顶，用立柱支撑，形成复合建筑。

门当户对叫错了？

我经常听到有人把门簪叫“门当”，门枕叫“户对”，这一说法完全是以讹传讹，北京四合院中根本没有这个叫法，清代权威的官方建筑工程书籍《工程做法则例》里也没有。金文中的“户”字和“门”字，一扇门叫户，两扇门才叫“门”。“门当户对”就是两家人的大门形式、等级差不多，意指男女两家的地位、财富、文化等都差不多。

四合院大门上面的这根横门框上有两个或四个木桩，叫门簪，门簪是插在门框上的。门框后面还有一个木构件，叫连楹，连楹有两个孔，是用来安装门板上的门轴的。连楹和门框必须用门簪固定，否则会掉下来，这就是门簪的功能，相当于一个木钉子，把门框和连楹固定在一起。固定下门轴的就是门枕，多为石质的，也有木质的。门枕前面通常雕刻成石鼓形，俗称“门墩”，也叫抱鼓石。

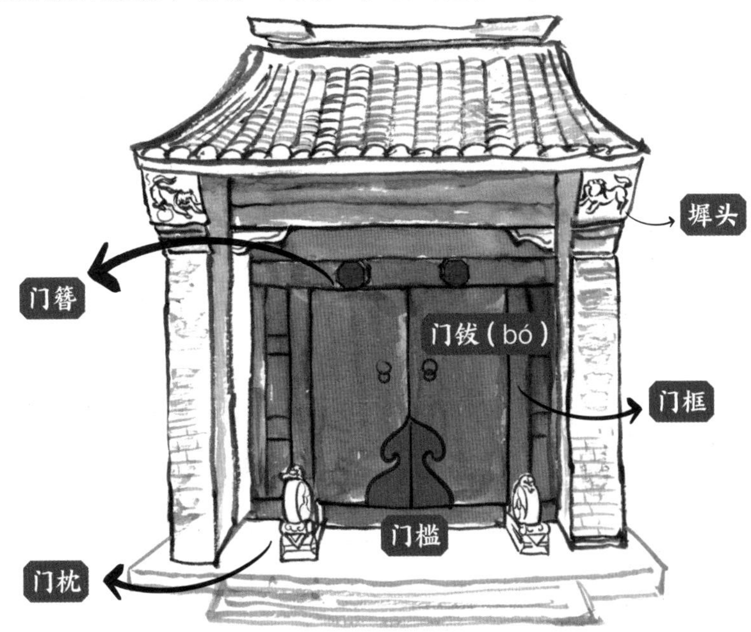

中国人为啥喜欢住合院？

我国的传统民居，尤其是中原地区的，多为围合起来的。两座房子围合算不上合院，三座房子围合是三合院，四座房子围合就是四合院。四合院就像四个人手拉手围合起来一样，面对面，背对外面，保持防御状态。

为什么中国传统民居大多采用合院式？

四合院好比一家四口手拉手，面对面

四合院庭院有大有小，但都算院落式或者合院式民居。四合院非常适合一个家族居住，家族成员对外是一家，对内又相对独立，各小家独立占有一座房屋，庭院又可以供集体活动。中国人讲究长幼有序，长辈一般住正房，就是北屋，子女住东、西厢房。

中国人住四合院真是源远流长。在陕西岐山发现的 3000 多年前的周朝早期宫殿遗址就是四合院式住宅，跟北京的两进四合院类似，奠定了中国传统民居的基本格局。

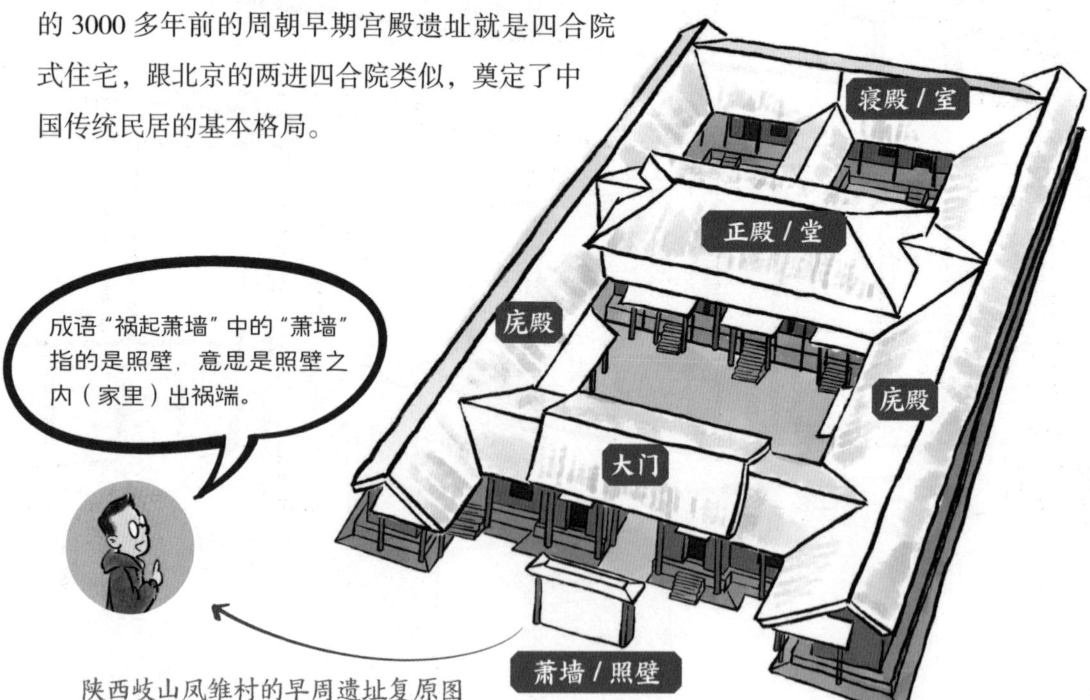

寝殿 / 室

正殿 / 堂

庑殿

庑殿

大门

萧墙 / 照壁

成语“祸起萧墙”中的“萧墙”指的是照壁，意思是照壁之内（家里）出祸端。

陕西岐山凤雏村的早周遗址复原图

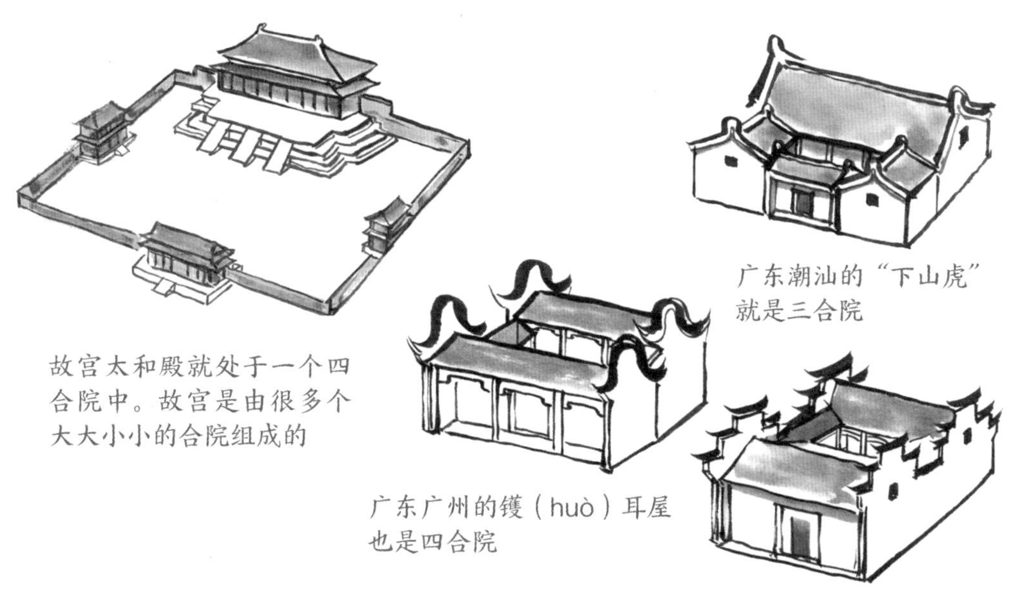
故宫太和殿就处于一个四合院中。故宫是由很多个大大小小的合院组成的

广东潮汕的“下山虎”就是三合院

广东广州的镬（huò）耳屋也是四合院

安徽徽州民居也是四合院，不过庭院比较小，中间的就是天井

此外，合院的庭院根据南北气候的不同，可大可小：北方需要多进阳光，所以庭院开阔；南方夏天怕阳光，所以庭院缩小成天井。庭院既可以通风透气，也能收集雨水，成了天然的空调。

合院的门窗一般都朝里开，外面是封闭的高墙，这在古代也是最安全的。南方有一些大型的围屋，居住人口有数百人，修得跟城堡似的。传统的中国人内敛的性格，从住房就看出来了。

合院式住宅的主要功能：

1. 有利于空间的聚合；
2. 有利于室内与室外的环境、气候调节；
3. 有利于安全防卫；
4. 有利于大小空间场所的调节；
5. 顺应家族伦理，长幼尊卑有序；
6. 具有极好的审美功能。

福建土楼：城堡式的圆形合院

在中国传统民居中，福建土楼是独特的，它是高大的城堡、居民小区的综合体，福建土楼主要分布在龙岩市、漳州市境内，土楼主要有五凤楼、方楼和圆楼等。圆形的最有特色，它外面是三四层楼高的厚厚的夯土墙，厚达一米多，甚至两米多，异常坚固，墙内用木材搭建房屋，围合成圆形，梁、枋插入土墙，所以土楼一半是木结构承重，一半是夯土墙承重。土楼有二层到四层不等，个别也有五层的。中央是内院，一般会打两口井，内院中间多半会建造一个小型四合院作为祖先祠堂，也作为家族商议大事的议事厅。各家居住在大小相近的单元里，卧室大小基本相同，不分老幼尊卑，一律平等，这在等级森严的明清时期实属可贵。

建造土楼这样的“城堡”实在是迫不得已，完全出于防御的目的。移居到福建山区的人们要面对战乱、家族之间的械斗、横行的盗贼、山中出没的猛兽等。为了让家族在此长期稳定地生存下去，他们沿袭中原的夯土建筑形式，结合当地的特殊地理环境，建造了兼具居住与防御功能的土楼。

福建南靖梅林镇怀远楼

土楼一般只设置一个入口

土墙是土楼的外壳，相当于“城墙”，必须异常坚固。土墙的原料以当地的黏质红土为主，掺入适量的小石子和石灰，经反复捣碎、拌匀，做成俗称的“熟土”。一些关键部位还要掺入适量糯米、红糖，以增加熟土的黏性。夯筑时要往土墙中间埋入杉木枝条或竹片为“墙骨”，以加固墙体。就这样，经过反复夯筑，便筑起了有如钢筋混凝土般的土墙，再加上外面抹了一层防风雨剥蚀的石灰，因而异常坚固，具有良好的防风、抗震能力。在抵御外敌进攻的时候，土墙是极难攻破的。

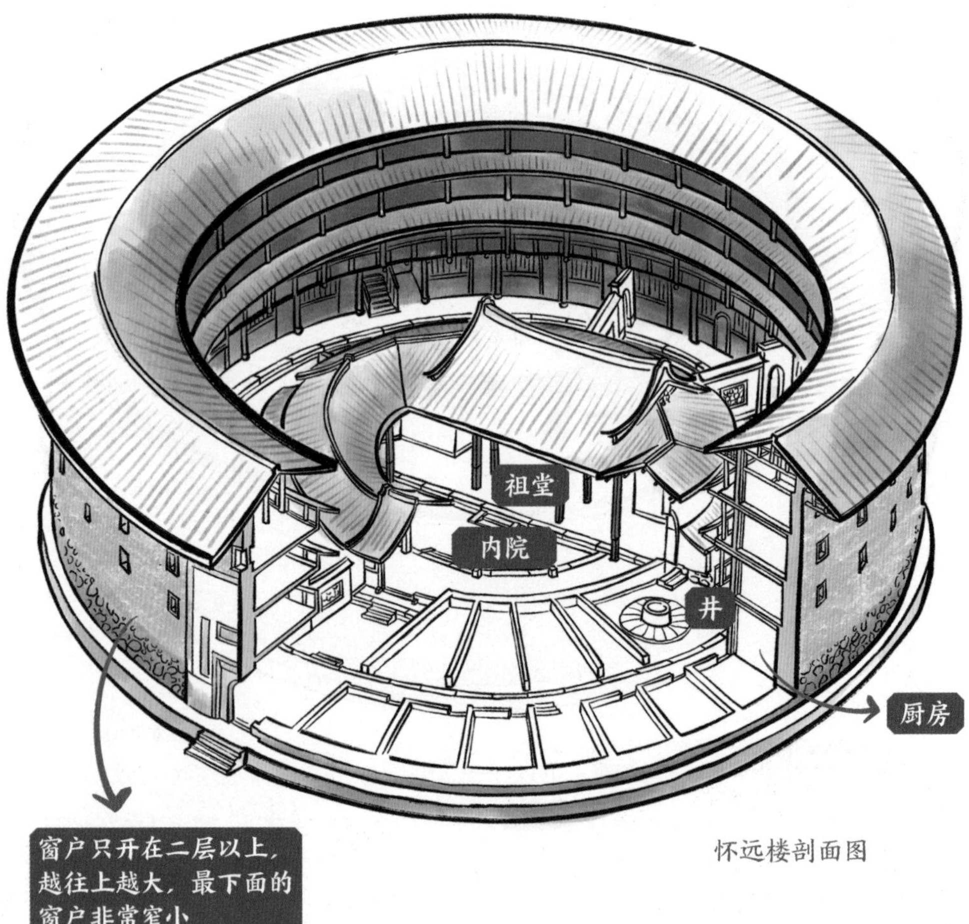

怀远楼剖面图

土楼一圈有很多个单元，单元之间用土墙隔断，各家均从设在一层内院的入口进入。一般一个同姓的家族聚居在一栋土楼里，土楼有大有小，居住的家庭从几户到几十户，从二三十人到二三百人不等。

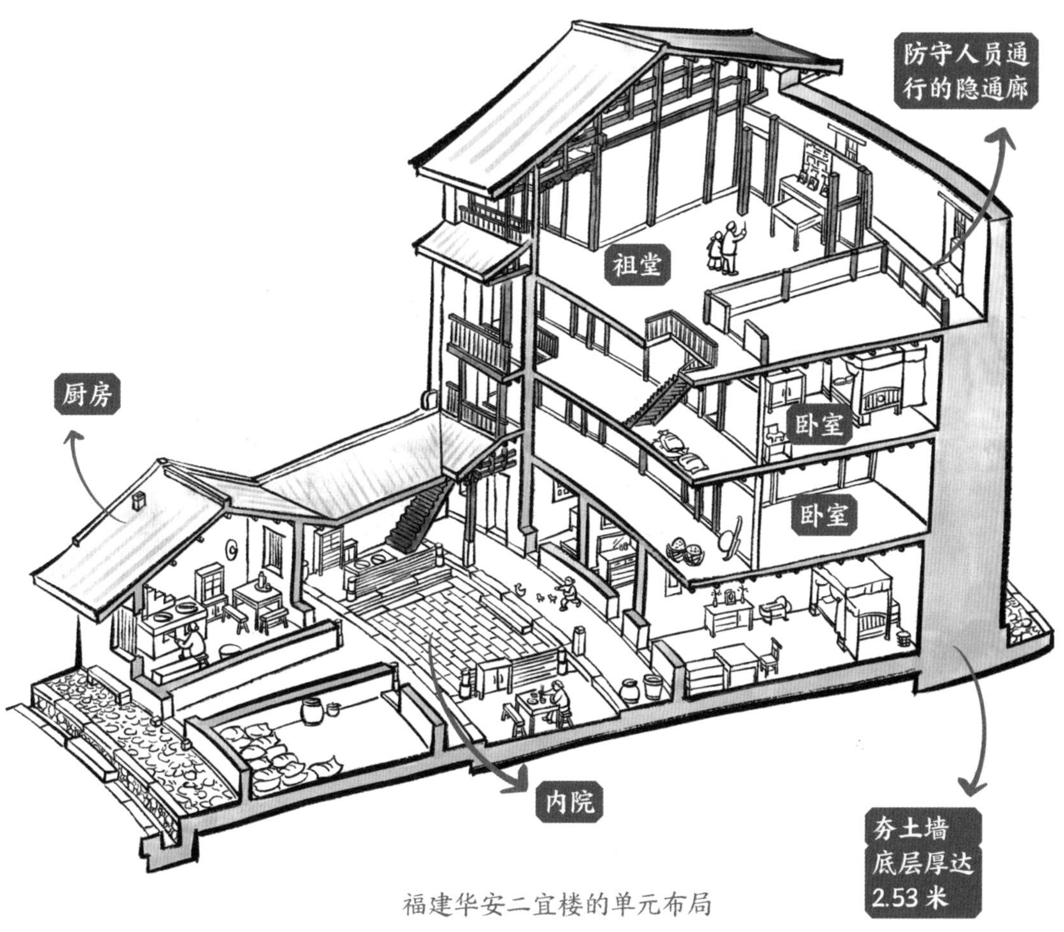

福建华安二宜楼的单元布局

第十三章

什么是“亭台楼阁”、牌坊和塔？

亭者，停也

亭是供人短暂休息、乘凉或观景用的建筑。《释名》载："亭者，停也。人所停集也。"亭就是供人停留的，亭的功能是让人停下来，休息一下。

亭最初是一种有军事功能的建筑。战国时期，各国在邻接他国处设亭，置亭长，担防御之责。秦汉时期，每十里设一亭，汉高祖刘邦就当过亭长。

亭子一般只有柱子，没有围墙，四面开敞。但也有特殊情况，比如北京故宫御花园的千秋亭就有槅扇门。判断一座建筑是否是亭，主要看其功能，是否用于供人短暂停留。亭子的造型多是四角的、八角的，但也有五角的、六角的、圆形的，甚至三角的、双环的。亭子也不一定都是攒尖顶的，也有悬山顶的、歇山顶的，还有庑殿顶的。

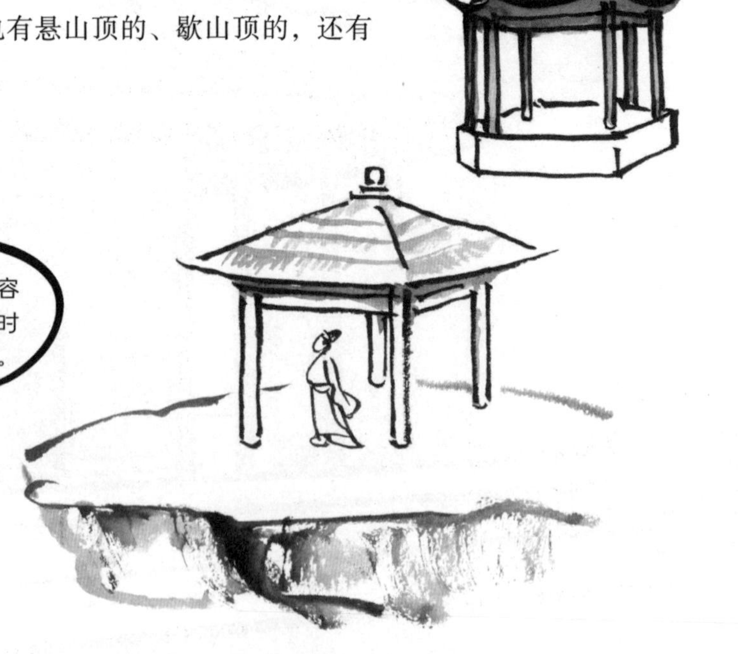

陕西华阴华山北麓的玉泉院山荪亭

安徽滁州的醉翁亭

浙江杭州西湖的开网亭

北京天坛公园的
双环万寿亭

北京故宫的千秋亭

江苏苏州的不少园林建的是半座亭子，比如网师园的冷泉亭，其特别之处在于它是一个半亭，设计建造者用了创新之意，让亭后之墙拱起，与亭顶等高，从而在墙顶与亭顶相接处筑脊，让脊缓缓向下左右分张，再往上起翘，使两檐角也翼然飞举。这种既是半亭，又有四个翼角的处理，在苏州园林中较为罕见。

江苏苏州网师园的冷泉亭

登高望远的台，水边的榭

作为建筑的台，其实应该写作“臺”字，因为“台”还有别的意思，但“臺”就是指建筑。古人堆土以筑高台，用来瞭望四方，所以“臺”就是瞭望台，本义指用土筑成方形的高而平的建筑物，高台是不需要屋顶的。

坛是专门用于祭祀、誓师等大典的，以土和石筑的高台，坛一般有方形和圆形两种，圆形的是专门用来祭天的。

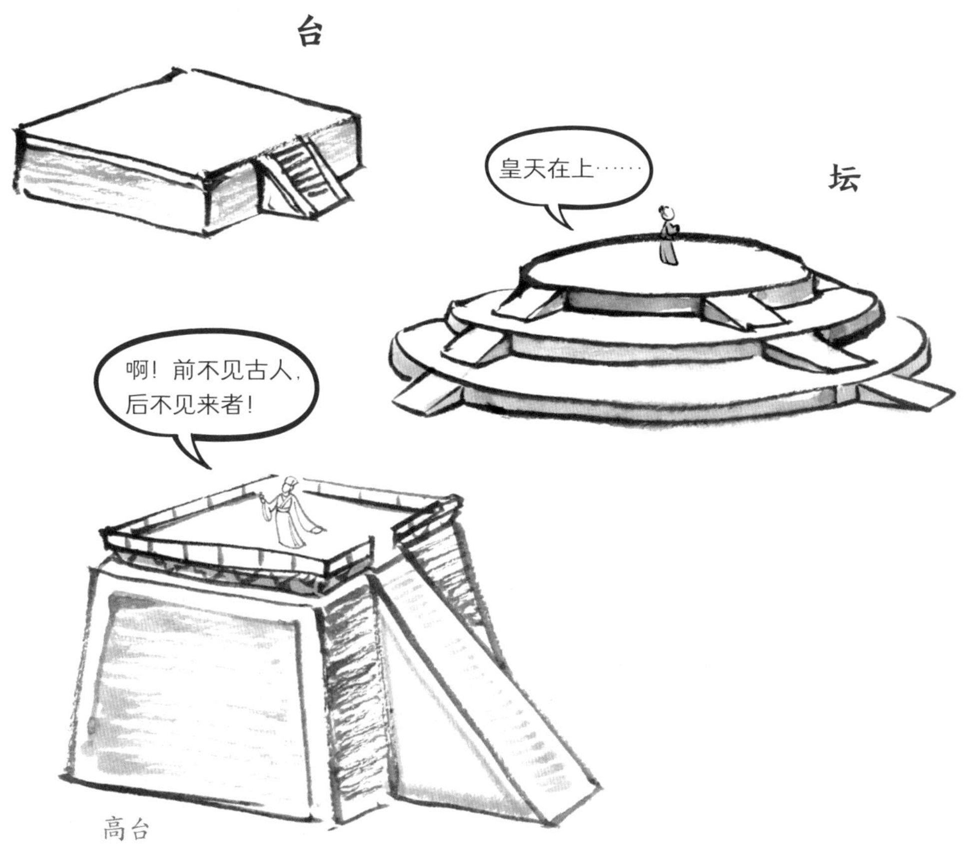

周至东汉时期流行建造高台，主要是统治者出于自身安全的考虑，另外台适合瞭望，上面即便有一些宫殿，依然称台，比如曹操建的铜雀台。

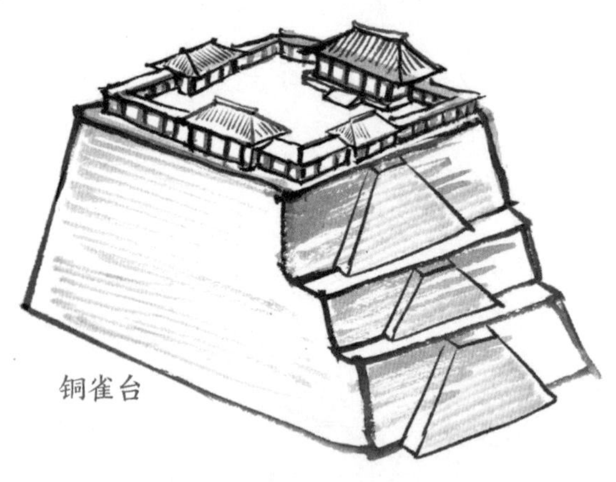
铜雀台

高台上面有时候也会搭建一些为人遮阳、避雨的建筑，一般没有门窗，这种建筑整体还是叫台，但台上面的建筑是榭。榭就是建在高土台或水面上，或临水的木屋，但现在基本特指临水的供人观景的建筑。榭通常比亭要大，多为歇山顶建筑。

楼与阁的区别

楼与阁现在并没有什么区别，但在宋代以前是有区别的。

楼与阁的第一个区别是层数。古人说：“重屋为楼”“阁皆四敞也”。楼最少得有两层，通常是方形的。阁，就是“搁”，把一座房子搁在一个平台上。这座房子可以是一层建筑，也可以是多层建筑，通常是方形、十字形、八边形的；房子下面的平台可以是纯木结构的高台，如右图，也可以是带屋檐的木质高台，或者是夯土的高台，如下图。一般来说，阁必须有一层平坐，就是四周一圈伸出去的阳台，可供人凭栏远眺。

楼与阁的另一个区别是使用功能。楼通常用于居住、藏书、宴饮等，阁主要用来供奉神，供人观赏风景。楼的级别要低于阁，楼在建筑组群中常居于次要位置，处于建筑组群的最后一列或左右厢位置。

江苏苏州留园的含青楼后改名为远翠阁，因明清时期楼、阁已不分，但此建筑称楼更为合适。

江苏苏州留园远翠阁

中华第一木楼——飞云楼

飞云楼位于山西运城万荣县东岳庙内，据传始建于唐贞观时期（627年—649年），现有建筑物系清乾隆十一年（1746年）重建。飞云楼为纯木结构建筑，全楼斗栱密布，玲珑精巧，与山西应县的应县木塔并称为“南楼北塔”。飞云楼有平坐，叫阁也没问题。

飞云楼从外面看是三层，内部实为五层，有两层暗层，总高度约为23米。底层平面为正方形，中层平面变为折角十字，外绕一圈廊道，第三层平面又恢复正方形，最上面再覆以一座十字脊屋顶。各层的屋顶构成了飞云楼丰富的立面构图。飞云楼有四层屋檐、十二个三角形屋顶侧面、三十二个屋角，楼木面不髹（xiū）漆，通体呈现木材本色。飞云楼有三十六根木柱，中央四根“通天柱”直达顶层。无论是在技术还是艺术性层面，飞云楼堪称“中华第一木楼”。

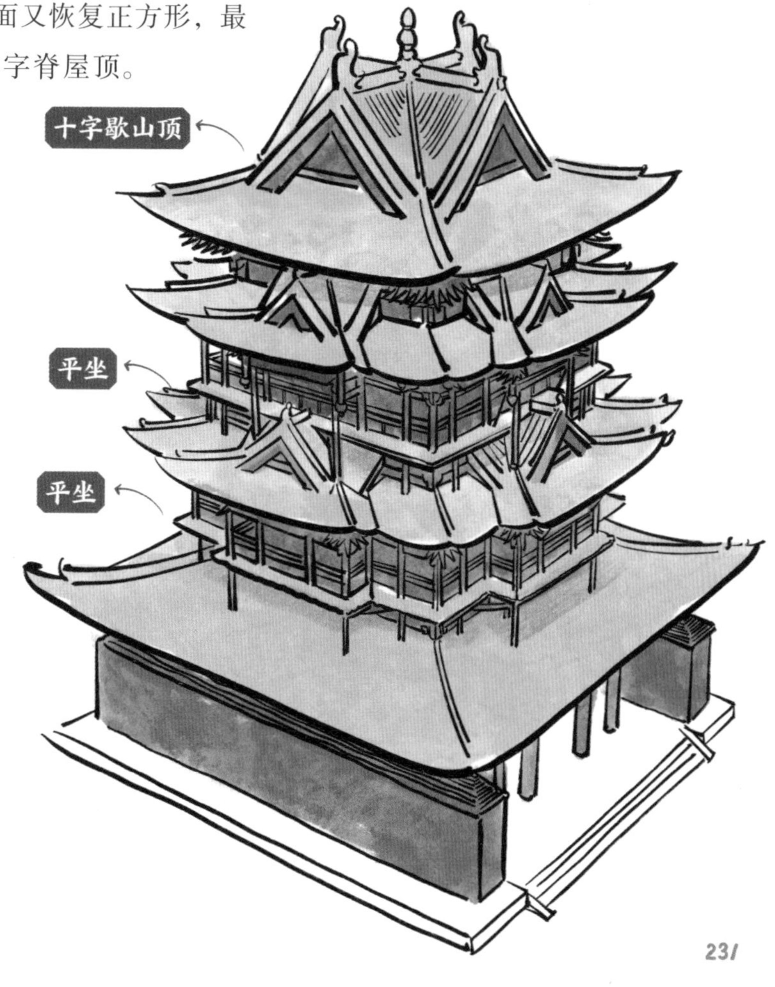

舫、轩、斋

舫

舫（fǎng）是仿照船的造型，在园林的水面上建造起来的一种船形建筑物，供人们休息、游玩、设宴、观赏水景，如江苏苏州拙政园的香洲、北京颐和园的清晏舫等。舫不能动，故又称“不系舟”。舫在水中，使人更接近水，有荡漾于水中之感。

北京北海公园的画舫斋

斋

斋的原始含义与宗教活动相关，如斋戒，指身心清洁、言行规整、精神专注的状态。建筑方面的斋常指书房、学舍，与修养、学习有关。

斋不仅是一个建筑空间，更多地强调精神修养。

但在很多情况下，“斋”和“轩”没有区别，两个名称可以混用。

轩

唐代的轩车

轩的原始含义是古代有帷幕且前顶较高的车，在建筑上指有窗的长廊或小屋，这种建筑形式常用于书斋、茶馆、饭馆等。轩给人以轻巧灵动、轩昂欲举的联想，常用于营造宽阔、高敞的空间感受。比如北京北海公园内的罨（yǎn）画轩——卷棚悬山顶，比较高，是静心斋内观景的最佳场所。乾隆皇帝曾为此作诗："来凭罨画窗，读画隔岸对。"

北京北海公园的罨画轩

登堂入室的“堂”

“堂堂正正”的“堂”是啥?

“堂”的意思是高大的房子，就是一套宅院的正房。堂是主人用来待客、议事、办仪式的地方，是家里最高大、豪华、敞亮的房间。古代规定不同地位的人配置不同高度的堂。对于堂下的台基，《礼记·礼器》规定：“天子之堂九尺，诸侯七尺，大夫五尺，士三尺。”这个规定一直延续到清代。

古代文人士大夫一般要给自己的堂命名，如余庆堂、惇典堂、务本堂、忠和堂、麟趾堂等，而文人往往据此号某某堂主人。“名堂”中的“堂”原指的就是堂号。堂因为高大、豪华，引申出很多词，比如堂皇，指堂很大。令堂，对别人母亲的尊称。

登堂入室，即只有进入堂，才能进一步进入内室，后比喻学问或技能从浅到深，达到很高的水平。

古代官吏审案办事的地方也被称作堂。此外，我国一些老字号的中医药店多以“堂”相称，如济生堂、同仁堂等。

陛下、阶级的本意是什么？

帝王宫殿（主要是指正殿，即帝王的“堂”）的台阶称为陛，宋代叫踏道，现在称为台阶。“陛下”原来指的是站在台阶下的侍者，因为臣子向天子进言不能直呼天子，必须先呼台阶下的侍者来转告，后来“陛下”就成为臣子对帝王当面的尊称。

陛的台阶数也有区别，旧说“天子之陛九级”，群臣依据官位不同，台阶数也不同，这就是“阶级”的本意。

堂前总有很高的台阶，古人进入堂需要逐步走完台阶，称为升堂，后来代指官吏到公堂断案或办公。

宫与殿

帝王的堂称为殿，清代皇帝最高级别的“堂”就是太和殿，而宫指的是一组殿，殿只是其中一座建筑，比如北京雍和宫有很多殿，永佑殿是其中的一座。

宫与殿并列时候，殿一般指办公区，宫一般指生活区。比如故宫的“三大殿”——太和殿、中和殿、保和殿，三大殿是皇帝行使权力或者举行盛典时用的。乾清宫、交泰殿、坤宁宫，统称“后三宫”，是皇帝和皇后居住的正宫。储秀宫、延禧宫等“东西六宫”是妃嫔居住的地方。

北京颐和园乐寿堂的正殿，是清末慈禧太后在颐和园内的寝宫。乐寿堂的建筑平面呈十字形，面阔七间，进深两间，前出抱厦五间，后出抱厦三间，总面积达三百多平方米。整座建筑可称为堂，堂内正中间可以叫厅或起居室，厅左右两侧的房间可以称为“室”或“房”，乐寿堂的“室”分别是更衣室和卧室。

四川雅安高颐阙

什么是阙？

一条道路两边各建造一座高阁，这两座高阁就是阙，两阙中间有路可通行，阙必须左右各有一座。阙最开始设置在贵族宅院大门的入口外，用于军事防守，上面有士兵。后来就成了一种礼仪性建筑，设置在皇城或贵族宅院的大门口或陵墓的神道两边。

汉代贵族宅院的大门多用阙楼式，称阙门，一般用单阙、子母阙，现存汉阙有河南登封的少室阙、太室阙、启母阙，四川雅安的高颐阙，重庆忠县的乌杨阙……

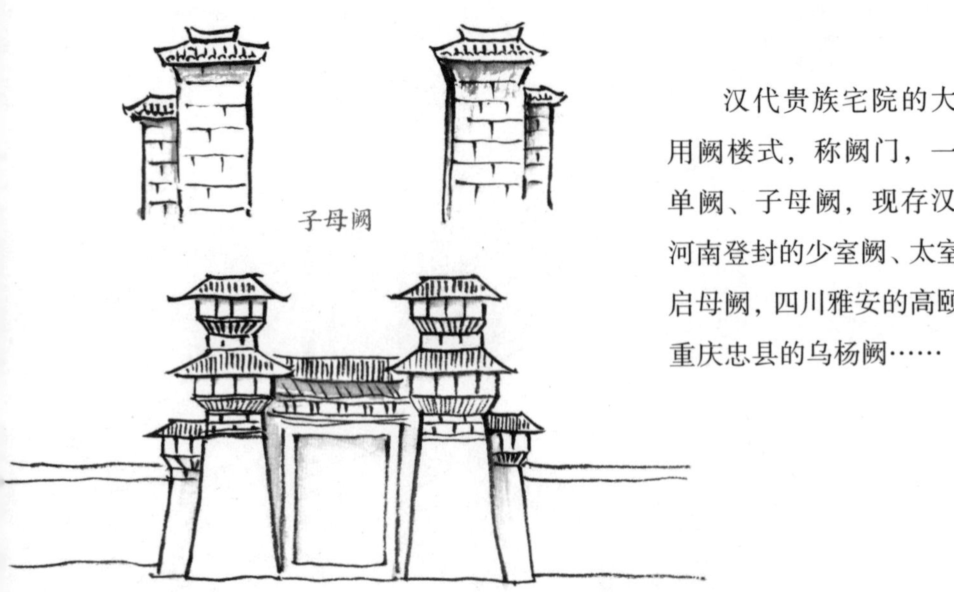
子母阙

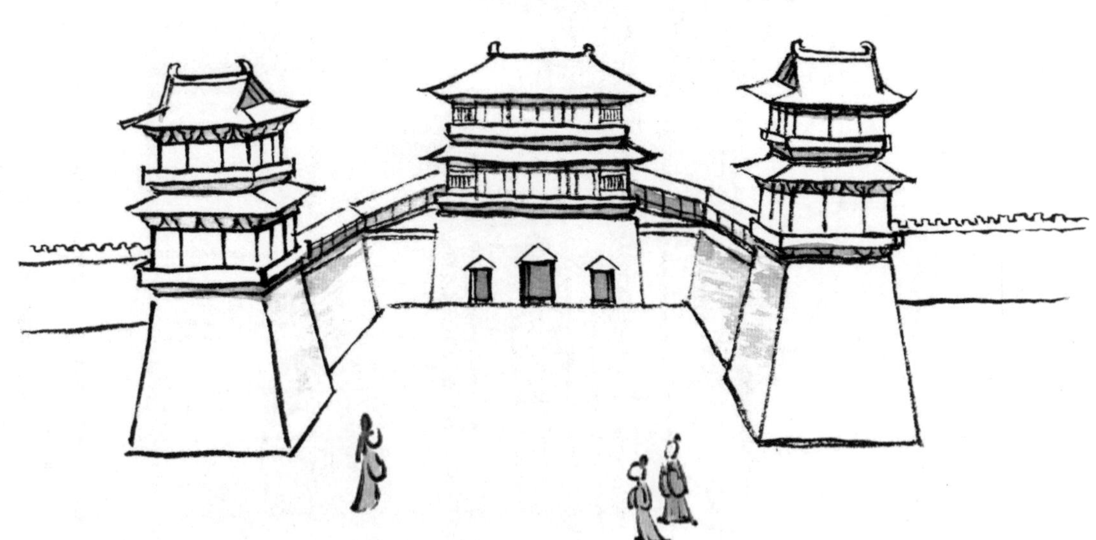
河北临漳东魏北齐邺城朱明门复原图

北京故宫午门

北京故宫午门是现存唯一的古代宫阙建筑，建于明代，清代重修。因有四座重檐方亭、一座重檐庑殿顶的门楼，午门整体呈凹字形，民间俗称“五凤楼”。阙门不仅气派，也很利于军事防守。阙楼高耸于入口两侧，上有士兵，当有敌人进攻，士兵可两边夹击，敌人如同瓮中之鳖（biē）。不过皇宫的阙门更多体现皇家的威严。

河南洛阳应天门是近些年重建的，复原了唐代洛阳应天门的样式，不仅是三出阙，还是形制独制的双向三出阙，是古代最高等级的阙门样式。

如何分辨牌坊的形式？

牌坊起源于衡门或古代的坊门，后来成了一种礼仪性建筑。牌坊与牌楼两名称虽已通用，但两者是有区别的，牌坊上面再加屋顶，就是牌楼。

牌坊的体量大小取决于开间的多少和立柱的高低，但是在开间的数量、立柱的高度相同时，就取决于屋顶的数量和形式了。两根柱子之间叫一间（一个开间），上部的小屋顶叫“楼”。拿最常见的四柱三开间牌楼来说，其屋顶可以采用三楼、四楼、五楼、七楼，甚至九楼，屋顶的样式可以采用庑殿顶、歇山顶、悬山顶等。

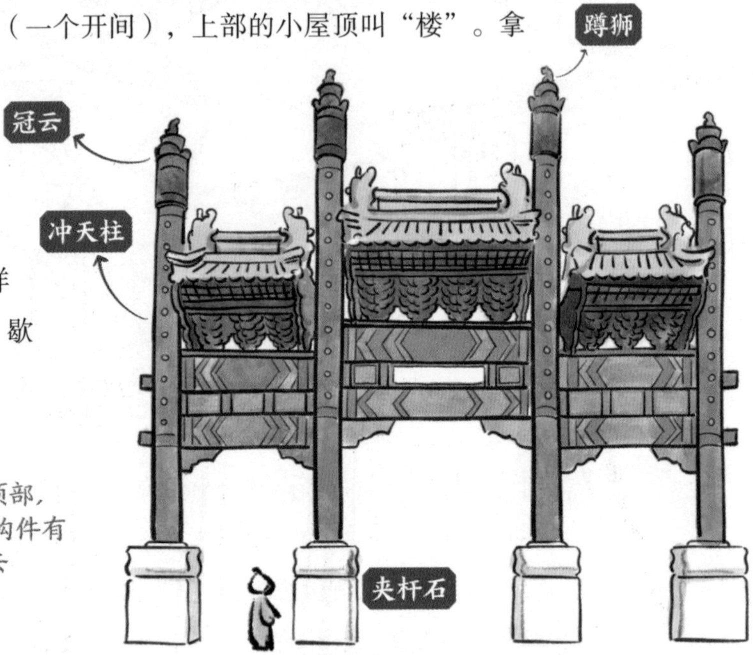

陶制的套筒套住柱子顶部，可防木柱腐朽，这个构件有个好听的名字——冠云

三间四柱冲天柱式木牌坊

如何描述一座牌坊？

牌坊的立柱一般有两至八根，屋顶有一至十一楼，形式有立柱高于屋顶的“冲天柱式”、屋顶高于立柱的“柱不出头”式，建筑材料有木头、石头、琉璃等，描述牌坊一般按照“× 间 × 柱 × 楼 × 式石 / 木 / 琉璃牌坊”这种格式。

牌坊也有等级

在明清时期，牌坊非常讲究等级。在同等标准下，柱不出头式等级高于冲天柱式。牌坊的间数、楼数或斗栱层级数越多，牌坊的等级越高。在屋顶样式中，庑殿顶的等级最高。在建筑材料方面，黄色的琉璃等级最高。在北方，石牌坊多用于陵墓、坛庙，琉璃牌坊多用于寺庙，木牌坊多用于桥梁、园林、寺庙。在南方，浙江现存木牌坊较多，安徽、四川多石牌坊。

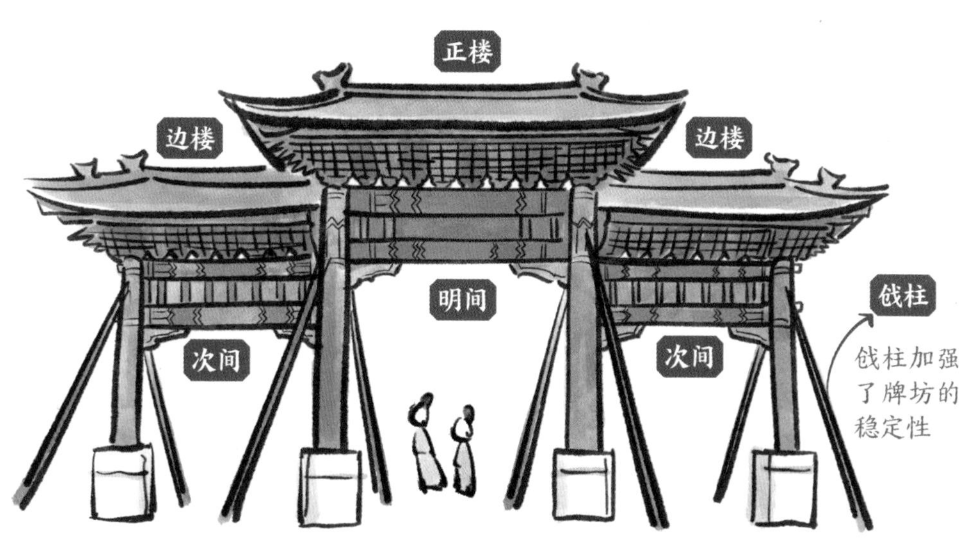

三间四柱柱不出头式木牌坊

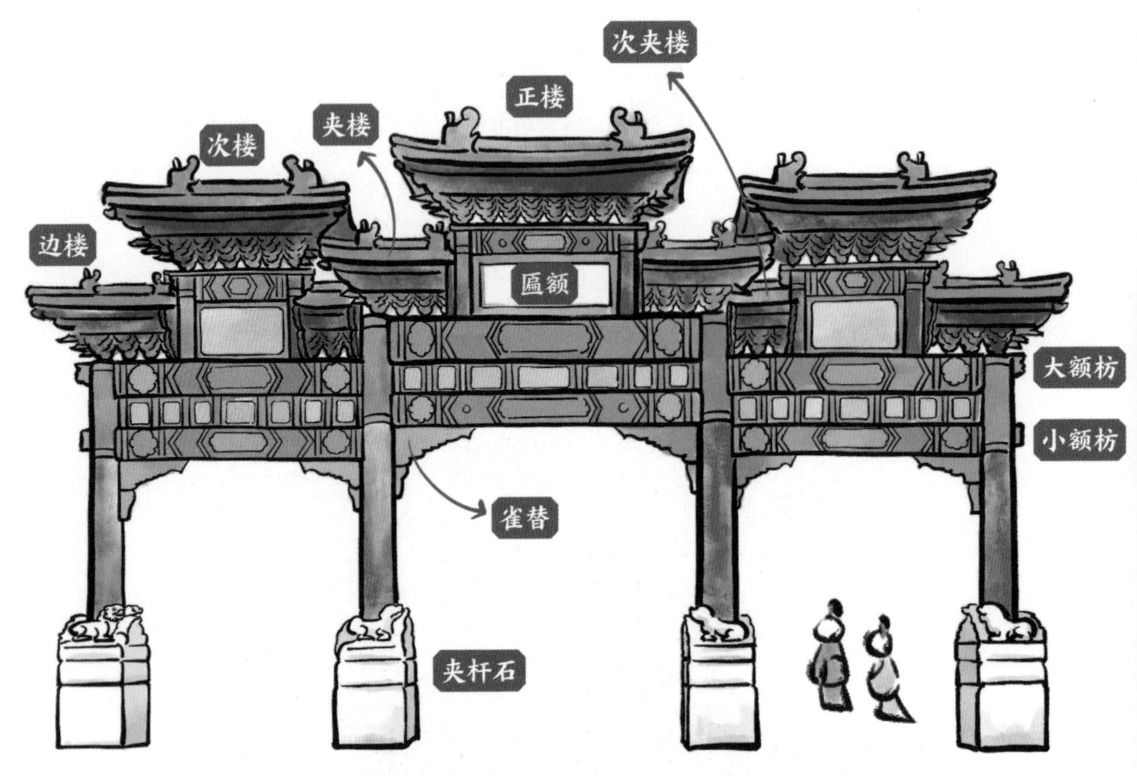

北京雍和宫、寿皇殿的正门牌坊：三间四柱九楼柱不出头式木牌坊

中国最高等级的木牌坊

北京雍和宫的正门牌坊和北京寿皇殿的正门牌坊是现存等级最高的两座木牌坊，均建于清乾隆年间，而且从属于三座牌坊围合成的“牌楼院”，正门的牌坊有九楼，两侧的牌坊为七楼，都覆黄色琉璃瓦，正楼、边楼都是庑殿顶。这两处牌楼院都极具皇家建筑的庄严、高贵气派。

如火焰般的牌坊

四川雅安汉源九襄石牌坊，建筑样式为三间四柱七楼，建于清道光年间，石牌坊由红砂岩雕刻而成，远远望去如同燃烧的火焰一般。牌坊历时 8 年修建完成，上面“汇集”了 48 部戏曲故事，雕刻的人物众多，工艺精美、繁复，令人叹为观止。该牌坊在 2013 年被列为第七批全国重点文物保护单位。

X 形牌坊

山西稷（jì）山县太杜后稷庙的“代天行化”牌坊，位于庙西南角，坐东向西。木匾额记载了该牌坊建于清咸丰三年（1853 年）。该牌坊是一座四柱三楼式砖、石、木混合建筑，平面呈 X 形，屋顶以琉璃装饰，非常精美。

八柱五楼式牌坊

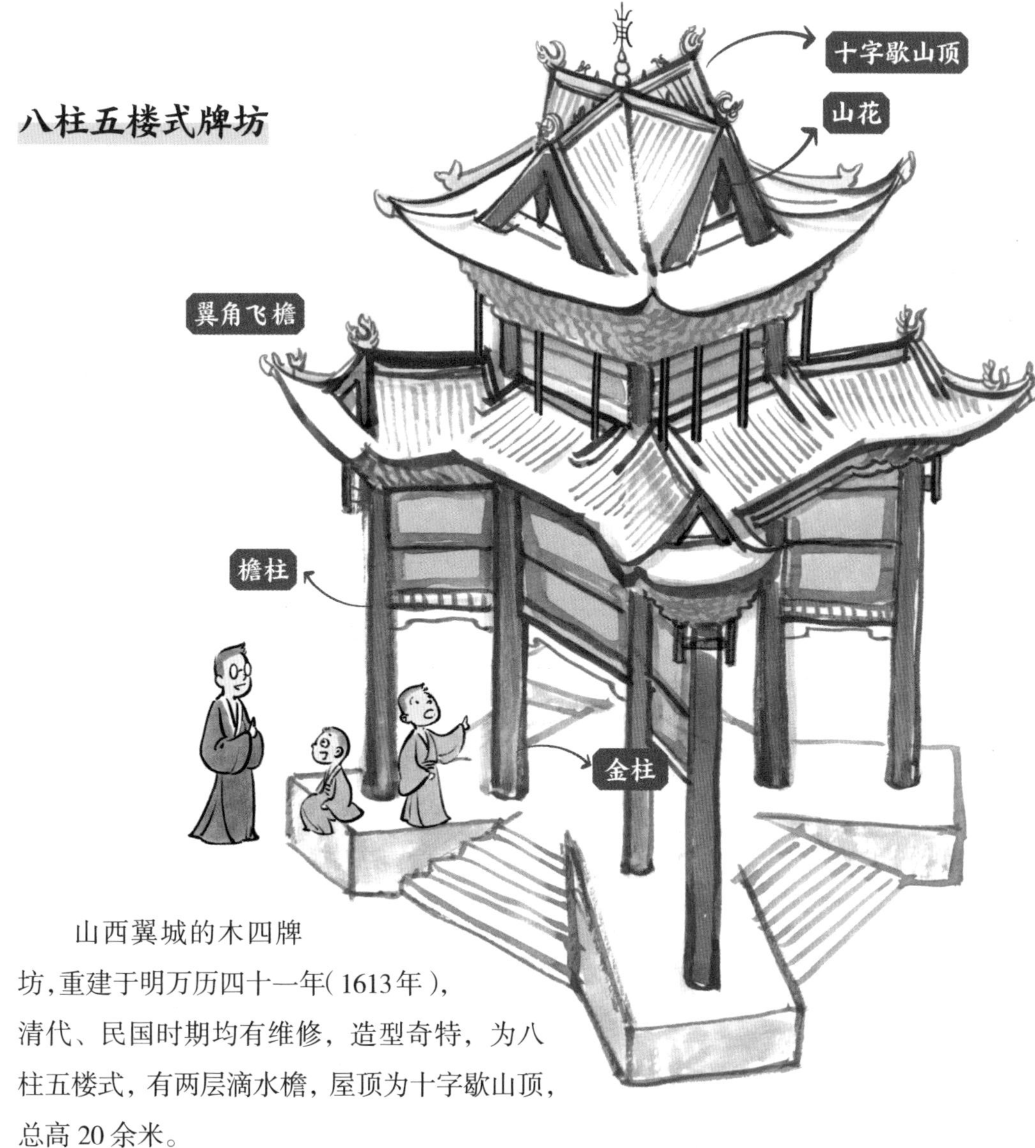

山西翼城的木四牌坊，重建于明万历四十一年(1613年)，清代、民国时期均有维修，造型奇特，为八柱五楼式，有两层滴水檐，屋顶为十字歇山顶，总高20余米。

该牌坊有八根立柱，每两根为一组，立于四个五边形柱基之上，四根金柱直通牌坊顶部。四根金柱与四根檐柱在一层屋檐位置向外斜搭起四个歇山顶，山花向外，形成向外出挑的八角檐。二层屋顶采用十字歇山顶，四角形成翼角。上下两层共有翼角十二个，成为造型奇特的八柱五楼式牌坊。金柱与檐柱间用大、小额枋相连，上下两层檐下是密集排列的斗栱，与檐头十二个翼角错落交织。

炫技的杰作——望母楼

山西曲沃的望母楼，又名四牌楼。该楼始建于明万历四十三年（1615年），是孝子李济沆（hàng）因思念母亲而兴建的，四牌楼造型奇特，为楼阁与牌楼混合式建筑。

此楼为纯木结构，为三重檐、三层楼身，最上面为十字歇山顶，一、二层四面均面阔三间，进深三间。边楼在额枋与柱上出穿插枋，出抱厦，使其檐突出围檐，造成又一层叠檐的假象。此牌楼既有江南楼阁精巧纤秀、玲珑剔透之俊美，又有北方古建筑的大气敦厚、雄浑巍峨之壮观。

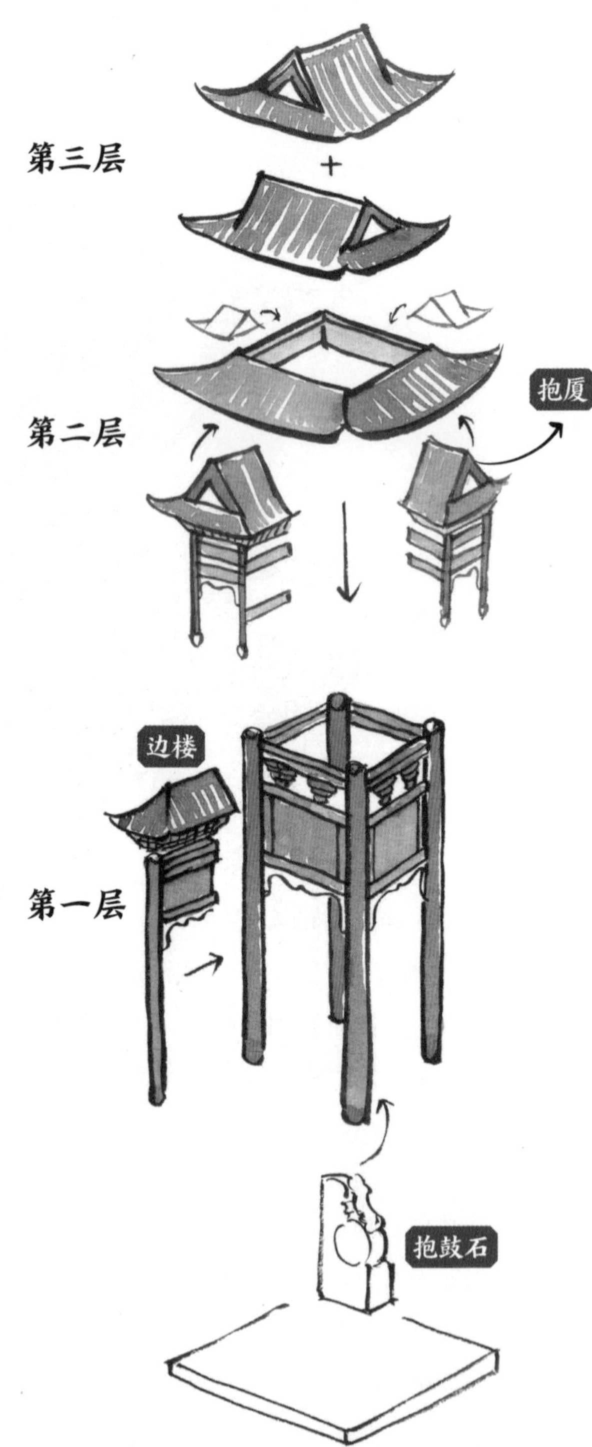

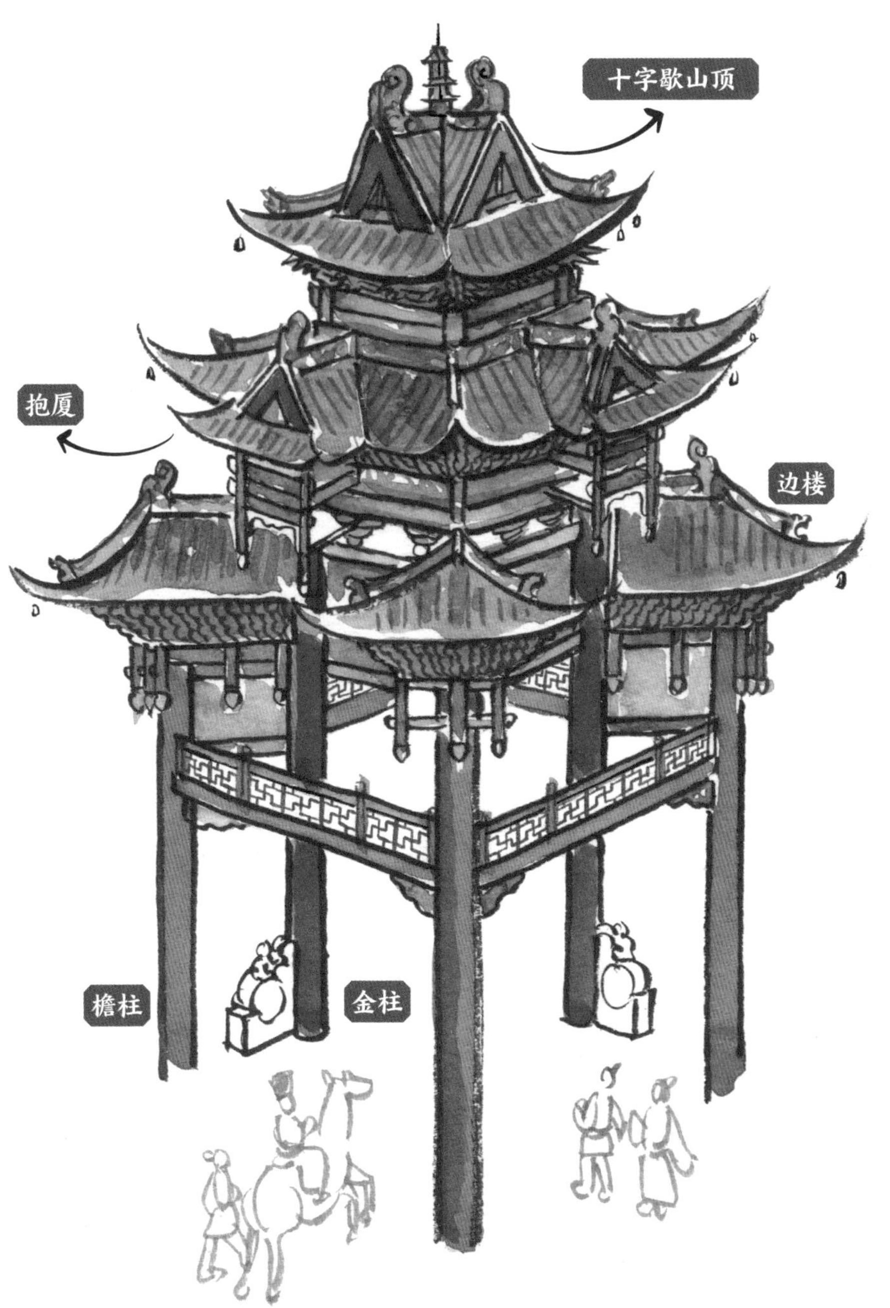
十字歇山顶
抱厦
边楼
檐柱
金柱

塔最初用于埋葬圣人的舍利

在古印度地区，当圣人、国王去世，人们会把他们的骨灰埋在一个半球体造型的土丘里，称为“窣（sū）堵波”。2500多年前，释迦牟尼去世了，他经火化结出的珠子或遗骨，被称为舍利，就埋在图中的半球体大土丘里，这个土丘像倒扣过来的钵，所以叫覆钵，钵就是出家人用的碗。

覆钵下方还有台基、围栏，顶部会插上相（xiàng）轮。这种特殊的坟墓，古印度人叫stupa，汉语译为“浮屠”“浮图”“窣堵波”“塔婆”，后来简称“塔”。信徒经常围绕着佛陀的塔礼拜、献花。

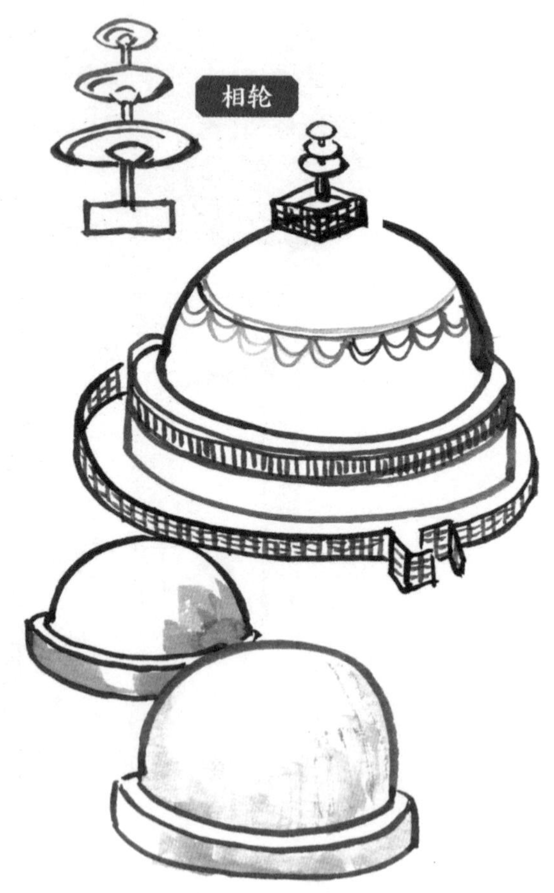

汉代高楼

中国原来没有塔

在西汉，中国就没有塔这种建筑，连“塔”这个字都没有，但是当时有高楼，因为汉代人相信神仙喜欢住在高楼里。到了东汉，贵族喜建高楼、高台，建造高层建筑的技术十分成熟。这为以后建塔奠定了基础。

救人一命，胜造七级浮屠

古人常说“救人一命，胜造七级浮屠”，其中的“浮屠”意思就是佛塔。古印度人称佛为buddha，就是“觉悟的人”，汉语最初把佛塔称为“浮屠”，因佛经里说造塔可以积功德，但救人一命的功德比建造七层佛塔的功德还要大。

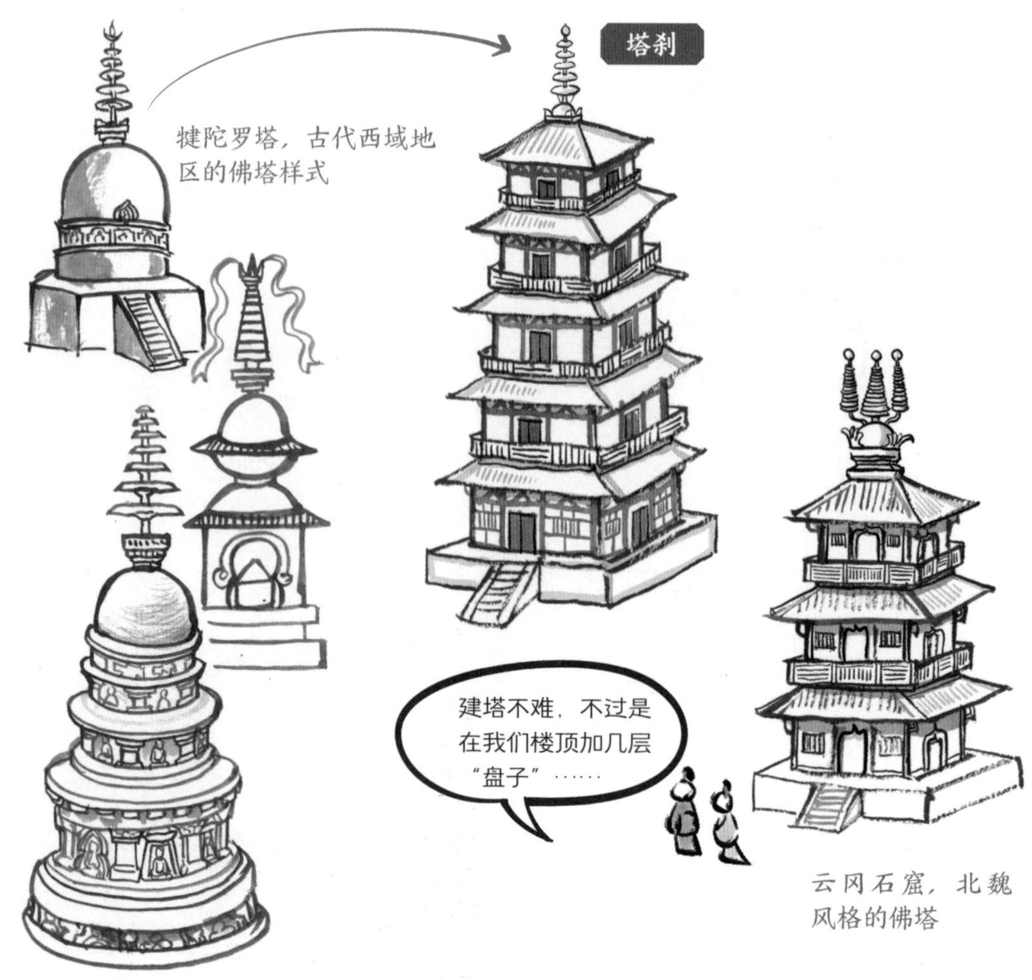

当覆钵塔传入中国，古人觉得覆钵塔不好看，于是把覆钵和相轮做得很小，安置在中国原有楼阁的顶部，称为“塔刹”，中国的楼阁式塔就产生了。中国的楼阁式塔多半会按照单数来建造，最多十三层，但早期也有四层、八层、十五层的，双数的塔很少，这与古代的阴阳五行学说有关。塔身的这一层层屋檐，也是相轮的象征。

在佛塔传入中国之前，塔是不可登临的，但中国的楼阁式塔是可以登临的，每层都设置佛像，让人既可以礼佛，又可以登高望远，比如大雁塔、应县木塔都是可以登临的。楼阁式塔最初多为木结构，但木结构建筑容易损坏，所以现存的除应县木塔之外，几乎所有楼阁式塔均为砖结构。江南地区的楼阁式塔内芯多为砖结构，外檐用木结构的混合结构，比如江苏苏州报恩寺塔（北寺塔）、浙江杭州六和塔等。

塔刹是什么？

佛塔顶部的建筑构件称“塔刹”。“刹”读作 chà，是梵文“ksatra”（刹多罗）的音译简称，可以简单理解为佛教的寺庙。中国佛塔的塔刹主要有两种：变形的印度式佛塔，以及中国化的宝珠。塔顶有了塔刹不仅更为美观，也有了佛的含义。

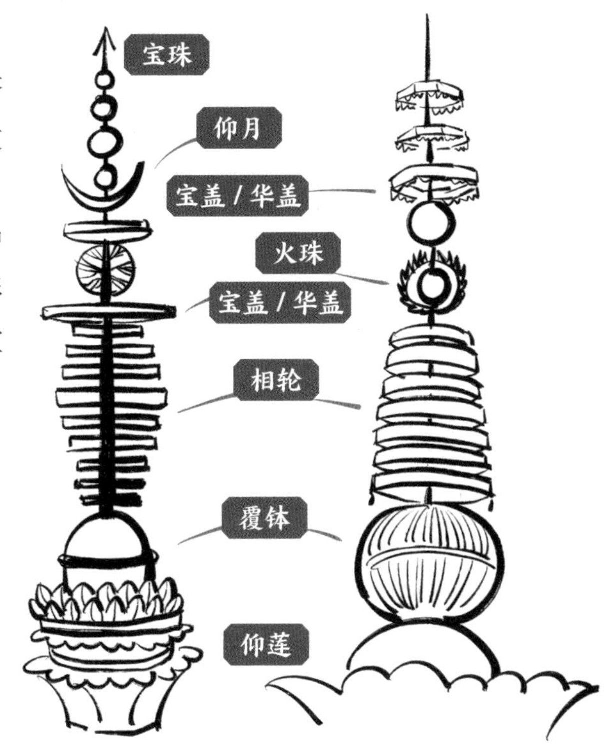

山西运城唐代泛舟禅师塔
在山西运城盐湖区寺北村报国寺遗址上，创建于唐长庆二年（822年），是一座保存完整的亭阁式名塔，也是保存完美的圆形唐塔的孤例

暗层示意图

应县木塔

世界奇迹——应县木塔

应县木塔是世界上现存最高的木结构古建筑，也是世界上最古老的木塔，普遍认为是辽清宁二年（1056年）建成的，距今有900多年的历史，后在地震中损坏，至金明昌六年（1195年）增修完毕。应县木塔的正式名字是“佛宫寺释迦塔”，塔位于大型寺院“佛宫寺”之内，“释迦”即佛教的创始人释迦牟尼。

木塔的顶部是塔刹，并不是避雷针，主要部分是铁制的，塔刹由莲花座、覆钵、相轮、仰月、宝珠等组成，是小型印度佛塔“窣堵波”的变体，是佛的象征。该塔刹通高11.77米，塔刹上有八根铁链牵引到顶层八条垂脊上。

应县木塔是一座九层六檐八角攒尖顶的楼阁式塔，在此塔建成之前，中国大部分塔都是方形的。要建成八角形屋顶，对建筑技术要求更高，而且应县木塔是两圈八角形“双套筒”结构，因此在强度和刚性上比方形塔大为增强。

应县木塔的内部空间十分宽敞，这是砖塔无法比拟的，每一层塔身就是一座完整的殿堂，由斗栱、梁、枋、柱等木结构以榫卯咬合连接，全塔共应用了54种斗栱，每层因规格不同和佛像的设置不同而有所变化，博得了中国古建筑“斗栱博物馆”的美称。

木塔虽高，柱子却不是从地面直接通到顶层，而是拼接的，上层柱子底部有十字开口，像骑马一样骑在下层的斗栱之间，这种结构叫“叉柱造”，这样层层插入，就像我们现在玩的乐高积木一样，层叠拼搭起来。而且上层柱向内退了半个柱径，从而创造了逐层内收的效果，形成了优美的建筑韵律，也进一步增加了木塔的稳定性。

每一层都有斗栱支出的“阳台”，称为“平坐”，人们可以在平坐上凭栏远眺。被平坐和塔檐遮住的部分其实也有一层相对比较矮的空间，这个空间称为暗层。暗层除了使用斗栱、梁、柱等结构外，还使用了古建筑中并不常见的三角形斜撑——类似现代建筑的桁架结构，这种结构的使用比现代建筑早了 900 年左右！斜撑的设置，极大地增强了木塔的刚性。

这样一来，木塔外观有五层，加上四个暗层，实际有九层，从地面到塔刹顶部高 65.89 米（数据由清华大学王贵祥教授 1992 年实测），好比现在二十二层楼的高度，在古代绝对是摩天大楼。这座木塔经历近千年来北方的风沙、地震和战争的破坏，仍屹立不倒，实在是个奇迹！

这座塔也是一座立体的佛国世界，在应县木塔的五层明层实体空间中，每一层都有佛像，而且佛像的造型与组合设置各有不同。一层是高 11 米的释迦牟尼泥塑像，顶部是辽代的斗八藻井，二层为释迦牟尼佛像、四臂文殊菩萨像、普贤菩萨像，佛后是二胁侍像；三层设四方佛像；四层为释迦牟尼佛，左右分别是文殊、普贤像，佛后为迦叶、阿难二弟子像；五层是大日如来毗卢遮那佛像与八大菩萨像。

应县木塔是中华民族智慧的体现。建筑学家梁思成先生曾写道：“这塔真是个独一无二的伟大作品，不见此塔，不知木构的可能性到了什么程度。我佩服极了，佩服建造这塔的时代，和那时代里不知名的大建筑师、不知名的匠人。”

中国现存古塔的主要形式

亭阁式塔

宝箧印经塔

经幢式塔

卵塔

楼阁式塔

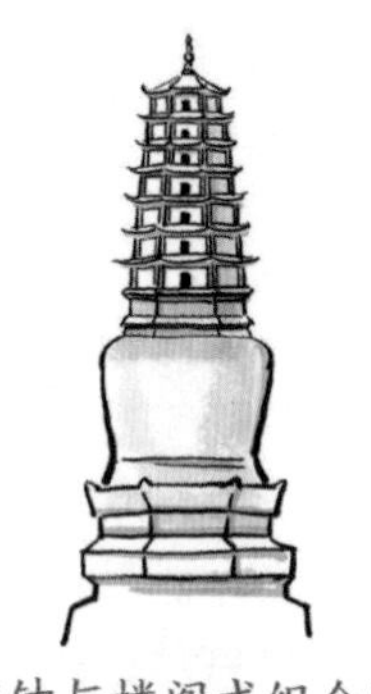
覆钵与楼阁式组合塔

密檐式塔

覆钵与密檐式组合塔

花塔

覆钵式塔 / 喇嘛塔

金刚宝座式塔

过街塔

参考书目

梁思成著《图像中国建筑史》，生活·读书·新知三联书店

刘敦桢主编《中国古代建筑史》，中国建筑工业出版社

王贵祥著《匠人营国：中国古代建筑史话》，中国建筑工业出版社

王贵祥著《唐宋古建筑辞解》，清华大学出版社

方拥著《中国传统建筑十五讲》，北京大学出版社

萧默主编《中国建筑艺术史》，中国建筑工业出版社

萧默著《敦煌建筑研究》，中国建筑工业出版社

侯幼彬著《中国建筑美学》，中国建筑工业出版社

侯幼彬、李婉贞编《中国古代建筑历史图说》，中国建筑工业出版社

李允鉌著《华夏意匠：中国古典建筑设计原理分析》，天津大学出版社

王其亨主编《风水理论研究》，天津大学出版社

李剑平编著《中国古建筑名词图解辞典》，山西科学技术出版社

刘冠著《汉代建筑图像研究》，广西师范大学出版社

孙毅华，孙儒僩著《中世纪建筑画》，华东师范大学出版社

黄汉民著《福建土楼》，生活·读书·新知三联书店

杨振宇，何晓静主编《游于园：园林的艺术世界》，上海书画出版社

周乾著《太和殿》，上海人民出版社

王晓华主编《中国古建筑构造技术（第2版）》，化学工业出版社

图书在版编目（CIP）数据

有趣的中国古建筑 / 杨大炜绘著 . -- 长沙 : 湖南文艺出版社 , 2024. 10. -- ISBN 978-7-5726-2004-1

Ⅰ . TU-092.2

中国国家版本馆 CIP 数据核字第 2024Y3G359 号

上架建议：畅销・传统文化

YOUQU DE ZHONGGUO GUJIANZHU
有趣的中国古建筑

绘　　著：杨大炜
出 版 人：陈新文
责任编辑：匡杨乐
监　　制：于向勇
策划编辑：刘洁丽
文字编辑：刘　盼　王成成
营销编辑：时宇飞　黄璐璐　邱 天
装帧设计：梁秋晨
版式设计：李　洁
出　　版：湖南文艺出版社
（长沙市雨花区东二环一段 508 号　邮编：410014）
网　　址：www.hnwy.net
印　　刷：北京市雅迪彩色印刷有限公司
经　　销：新华书店
开　　本：715 mm × 875 mm　1/16
字　　数：228 千字
印　　张：17
版　　次：2024 年 10 月第 1 版
印　　次：2024 年 10 月第 1 次印刷
书　　号：ISBN 978-7-5726-2004-1
定　　价：59.80 元

若有质量问题，请致电质量监督电话：010-59096394
团购电话：010-59320018